自動車の走行原理

運動力学に基づく安全技術の歴史と進化

工学博士
佐野彰一

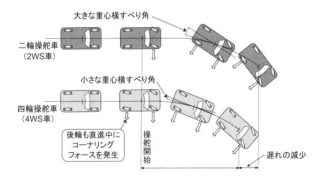

グランプリ出版

はじめに

　自動車は人の移動や物流で無くてはならない身近な道具であり、自動車無しでは文明社会は成り立たない。また、自動車は、我々が気軽に扱える機械でこれほど重量があり、大きな力を持ち、速く走り回ることができる機械はない。

　このような便利で扱い易く高性能な道具は、一朝一夕に実現したものではなく、多くの先人のたゆまぬ努力のおかげで操作し易くなり、性能が向上し現在の姿になったものである。

　自動車は、訓練は必要だが誰でも気軽に扱えるため、交通事故が多発し多くの人命が失われるというネガティブな側面もある。

　筆者はできるだけ多くの人に自動車をよく理解していただき、適切な扱い方を考え、事故を起こさず便利で楽しく快適にクルマを使っていただきたいと願っている。本書では自動車の誕生から現在の素晴らしい道具に成長した機能の進化の歴史と、事故を防ぎ安全に扱うための自動車の走行原理、直面している自動車に関わるいくつかの問題とその解決努力などを、わかり易く解説することを目指した。

　最初に、この改良・進化がなければ現在の高性能な自動車が存在しえなかったと考えられる大切な部品であるタイヤの開発の歴史を振り返る。

続いて、クルマを高速で安定して走らせるためにはどのような設計上の配慮が必要なのかを説明し、次に、安全でスムーズな進路変更のための条件と、それを容易にする技術とその進化を解説する。さらに自動車操縦訓練で最も苦労するハンドル操作を容易にする技術や研究を紹介する。また、カーブを高速走行する際の事故を防ぐ技術と積雪路や凍結路を安全に走るための駆動力技術、高速走行するのに必要な安全に止まる制動力性能とその向上技術も紹介する。

　さらに、自動車の走行性能に関わる技術説明に加え、自動車を効率よく目的地まで到達させるサポート技術とその進化、道路交通情報の提供技術に続いてカーナビゲーションの技術を紹介する。ここで、日本政府が最新の情報通信技術を活用して自動車をさらに安全なものにするための安全研究プロジェクトを紹介し、最後に自動運転の技術開発の歴史と今後の自動車と自動車技術の将来を展望する。

　近年、自動車社会と技術は100年に一度の大変革期に入ったと言われ、自動車交通に様々な新しい技術が導入されることが予想される。

　筆者は、来たるべき大変革の方向性を理解し、それに対応するための知識基盤を本書で獲得されるものと信じている。

佐野彰一

目　次

第3章　安全に曲がる技術

第4章　アンダーステアー・オーバーステアー

第5章　操舵機構の進化—丸ハンドル、パワーステアリング

第6章　操舵機構の進化─ハンドル操作の容易化へのさらなる努力

第7章　直接ヨーモーメント制御と駆動技術

第8章　止まる技術─ブレーキ

第12章　自動運転の歴史と課題

第1章
クルマで一番大切な要素—タイヤ

1-1　自動車事故第 1 号

最初の「自動車」はFFの蒸気三輪車

　史上初の事故を起こした移動機械は、大砲を運搬するために、フランスの軍事技術者ニコラス・キュニョーが1769年に開発した、蒸気機関を動力とする、前一輪駆動のフロントエンジン・フロントドライブ（FF）の三輪車だった（図1）。

　最前部にボイラーとシリンダーを配置して、後部に大きな貨物スペースが得られる、このレイアウトは合理的であるばかりか、二つのシリンダーから、ピストンにつながるロッドで直接車輪を回転する設計も、のちに蒸気機関車で定石となったことからわかるように、簡潔で要領の良い発想である。また、操舵機構が複雑になることを避けるため、前輪を一輪にしたのも、当時の技術水準を考えると納得できる。

はじめての試運転での事故

　しかし、構想は優れていたが、キュニョーの蒸気三輪車は、はじめての試運転で事故を起こし、結局廃車になってしまったと伝えられている。

　石畳の上を走っているクルマの上で、石づくりの塀を前にして、運転手がハンドルに相当するレバーを必死に操作をしており、車の脇から助手がブレーキとおぼしきレバーを、体重をかけて引いている図版が流布している（図2）。

　この出来事は、製作者が、クルマを自前の力で走れるようにすることだけに頭が一杯であったために起こったものと想像できる。クルマを実用に使うためには「走れる」だけでは十分でなく、自在に「曲がれる」ことと「止まれる」ことが同様に大切であるとの認識に欠けていたのだ。これは、先駆者には避けられない試練だと言ってしまえばそれまでだが、長年自動車技術の開発を仕事にしてきた筆者は、250年以上昔に、蒸気機関車に先駆けてトラックづくりに挑戦し、その奮闘が成果に結びつかなかったキュニョーの無念さを思うと、同情の念を禁じえない。

1-2　馬車と自動車の走行原理

馬車は実用になっていた

自動車が実用になるずっと以前から、人々はクルマを馬に引かせて使っていた。この馬車は、スピードが遅かったとはいえ、十分に実用になっていたのだから「曲がる」「止まる」性能には問題がなかった。

　それでは、馬車より早い速度が出たとは思えないキュニョーの蒸気三輪車は、なぜ「曲がる」「止まる」の性能が十分でなかったのだろうか。その理由は、自動車と馬車とでは、走るための基本原理が異なるからである。

走行の基本原理

　馬車では、馬が路面を蹄で蹴ったり、踏ん張ったりして、クルマを行きたい方向へ引っ張ったり、止めたりする。馬車の車輪は、ただクルマの重量を支えて、馬の動きにつれて転がればよかった。ところが、蒸気三輪車の車輪は、重量を支えるほかに、車輪と路面との接触部分で、車輪はクルマを曲げる力や止める力をつくり出さなければならなかった。

すべりやすい木製車輪

　ところが、外周に鉄板を張りつけただけの木製車輪（図3）は、石畳では特にす

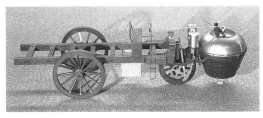

図1　キュニョーの蒸気三輪車

出典：トヨタ博物館

図2　キュニョーの蒸気三輪車の史上初の交通事故（1769年）
英国国立自動車博物館で筆者撮影。

図3　キュニョーの蒸気三車輪の車輪の構造
木製車輪に鉄板が巻かれていた。

べりやすく、十分な力をつくれないので、クルマの運動は極度に緩慢になり、自在の操縦は不可能であった。クルマの運動を制御するための力を、すべりやすい車輪に頼る重い蒸気自動車は、地面に引っ掛かりやすい蹄鉄をつけた四本脚の馬が引く軽量な馬車には、俊敏さでは、はるかに及ばなかった。キュニョーは、これに気付かなかったのだろう。

　自動車が馬車を凌ぐ走行性能を獲得するのは、ゴムタイヤの出現を待たねばならなかった。

1-3　自動車で、何が一番大事か

ネズミの嫁入り

　話はそれるが、「ネズミの嫁入り」という昔話をご存じのことと思う。ネズミの親が、大事な娘の婿に、世の中で一番強いものを探す話である。最初の候補の太陽は雲に遮られ、雲は風で押し流され、風を阻む壁はネズミに食い破られるので、結局ネズミの嫁になるという、楽しいが、どこか教訓的な話である。

　こんな話を持ち出したのは、これを真似て、自動車で一番大事なものは何かを考えてみたいからだ。

エンジン

　すぐに思いつくのはエンジンだろう。文字通り自分で動くクルマができたのは、エンジン（広い意味での原動機）が実用化されたからであり、自動車が速く走れるようになったのも、エンジンの性能が向上したからだ。だから、「エンジンが一番大事だ」と考える人が多いだろう。

ブレーキ

　しかし、自動車を安全に走らせるには、突っ走るだけではだめで、速度を落としたり、短い距離で止まることが必要なことに気づいた人は、「ブレーキの方が重要だ」と主張するだろう。事実、レーシングカーでは、ブレーキの性能が不十分では、馬力の大きなエンジンを積んでも、その能力を十分に生かすことはできない。

タイヤ

　だが、そう結論づけるのは、ちょっと待ってもらいたい。エンジンも、ブレーキも、その力が確実に路面に伝わらなければ、どんなに高性能でも役に立たない。その役割を担うタイヤの性能こそが、エンジンやブレーキはおろか、乗員の生殺与奪の権限を握って、自動車の走行性能とその安全性を支配しているのだ。タイヤが一番大事なのだ。

1-4　馬車馬を喜ばしても……

夫婦喧嘩がゴム質を改良？

　コロンブス一行がゴムをヨーロッパに紹介し、産業革命になると、さまざまなゴム製品がつくられるようになった。ゴムが鉛筆の字消しに使えることから、その擦る動作の "rub" から "rubber" という名前が生まれた、と言われている。しかし、当時のゴムは、高温でべとつき、低温で硬化する不安定な物性だった。1839年、米国のグッドイヤーが、偶然、この改良に成功した。そのエピソードは幾つか流布しているが、研究熱心が原因の夫婦喧嘩で、投げたゴム片がストーブで過熱されたことがきっかけだった、という話もある。硫黄を入れて加熱することで、ゴムの物性が安定してタイヤに使えるようになった（図4）。

馬車馬を喜ばしても……

　英国のトムソンが馬車の牽引力を減らし、同時に乗り心地を改良する狙いで空気入りタイヤの使用を思いついた。彼の特許は1845年に英国で、続いてフランスと

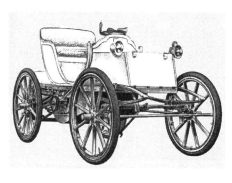

図4　ジャントーの電気自動車（仏）
ソリッドではあるが、ゴムタイヤならではの
成果である。

米国でも認められた。彼は、このタイヤを使えば、ころがり抵抗が、なめらかな路面で2/3、悪路では1/4程度になると主張した。しかし、ある歴史研究者が、「この改良を最も喜ぶのは馬車を引く馬だったので、口がきけない馬では、その発明のすばらしさを世の中に広めることは出来なかった」と書いているように、この発明は実用化されることはなかった。

ダンロップのPR戦略

その40年ほど後、やはり英国で、獣医のダンロップが、息子のソリッド（中実）タイヤ付き三輪車の乗り心地を良くするために、空気入りタイヤをつくった（図5）。彼は、自転車レースを利用して空気入りタイヤのころがり抵抗が少ないことを宣伝する努力を続けた。無名の選手が、空気入りタイヤで、当時、ソリッドタイヤで無敵を誇っていたデュクロ兄弟を破ったことが縁となって、ダンロップは、兄弟の父親の出資で空気入りタイヤの製造を本格的に始め、間もなく、すべての自転車を空気入りタイヤに替えてしまった。

図5　ダンロップが最初に試作した空気入りタイヤを再現したもの
木の厚い円盤にチューブを巻きつけ、外側をゴム引きキャンバスでくるみ、端を円盤に止めた。
出典：真庭孝司『タイヤー自動車用タイヤの知識と特性』山海堂

1-5　馬車から自動車レースへ

3時間でも修理が終わらない

祖父の始めたベルトやホースの製造会社の経営危機を救うため、ゴムの知識がほとんど無かった兄が、画家を志していた弟を説得して、二人で会社を引き継いだミシュラン兄弟は、ビジネスの新しい方向を模索していた。

そんな1891年のある日、パンクした自転車が牛車で工場に運び込まれてきた。そのタイヤはダンロップの考案した空気入りだった。自転車乗りを助けようと、新

しいタイヤに興味を持った工具が3時間奮闘したが、タイヤが接着剤でリムに貼りつけられていたため、修理は終わらなかった。

2分で修理可能に

　弟が、やっと修理を終えた自転車を試乗して、空気入りタイヤの快適さ、操縦のし易さ、速さに驚嘆した。彼はその将来性に気づき、修理が容易なタイヤを開発する決心をした。

　早速研究に着手し、1891年には、15分で修理ができる取り外し可能な空気入りタイヤを考案し、翌年には、パンク修理に2分しかかからないタイヤを開発した。1200キロの自転車レースでは、ミシュランタイヤのライダーは5回パンクしたが、それでも2位に8時間の差をつけて優勝した。

馬車から自動車レースへ

　1894年、ミシュランの空気入りタイヤはパリの辻馬車に採用される。試験的に使った5台の馬車が、改善された乗り心地で、他の御者から嫌がらせを受けるほど多くの客を獲得したので、間もなく600台のパリの辻馬車にミシュランタイヤが取り付けられた。

　1895年6月には、兄弟（図6）自ら、空気入りタイヤを付けた"稲妻"号を運転してパリ―ボルドー往復1200キロのレースに出場した。このレースでは、出走22台中フィニッシュしたのは9台だった。稲妻号は、100時間の所要時間制限を超えてしまったが、これが、ミシュランタイヤのその後の自動車での成功の出発点となった。

図6　ミシュラン兄弟の稲妻号
ミシュラン兄弟はプジョー車を改造して、空気入りタイヤを付けた競走車エクレール（稲妻）をつくった。
出典：武田隆『シトロエンの一世紀』グランプリ出版

1-6　自動車には使えない

稲妻は稲妻でも

　1895年のパリ―ボルドー往復1200キロのレースは、自動車の歴史上、最初の本格的なレースだった。ミシュラン兄弟が雷光のように速い稲妻号でそれに挑戦した、と考えるのは早合点で、その呼び名は、ハンドルがふらふらしてまっすぐに走れず、稲妻のようにジグザグに走るところから名付けられたそうだ。

　そのためか、誰もドライバーのなり手がなかったので、兄弟は、自分たちで乗らざるを得なかった。チューブを22本用意した備えはよかったが、パンクは予想以上の100回近くを数えた。

自動車には使えない

　これでは、いくらパンク修理が簡単にできると言っても、レースにならなかった。しかし、兄弟は、制限の100時間は超えてしまったが、意地を見せてゴールにたどり着いた。

　ミシュラン兄弟の所要時間の半分以下の49時間弱で優勝したドライバーが「空気入りタイヤは自動車には使えないだろう」と言ったそうだ。しかし、ミシュラン兄弟は「10年もすれば、みんな空気入りタイヤになる」と反論している。ところが、この予言は誤りだった。気が付いてみれば、5年後には大多数の自動車が空気入りタイヤを使っていた。

のびないタイヤを嵌める

　空気入りタイヤの問題点であるリムへの取り付けで、金具とネジでリムに止めるミシュランタイヤの方法より、さらに優れたアイデアが現れた。それは、タイヤの縁に鋼線（ビードワイヤ）を埋め込むことで、余分な部品を無くしてしまったのだ。鋼線は伸びないので、それまでのリムでは嵌めることはできない。この問題は、リム断面の中央を凹ませる工夫で解決された（図7）。このウエルチによる発明でタイヤの基本構造が完成し、この組み付け方法は、現在、すべての乗用車用タイヤで使われている（図8）。

図7 ウエルチが発明したビードワ
イヤーとU字形リムの組合せ
出典：馬庭孝司『タイヤの基礎知識』
グランプリ出版

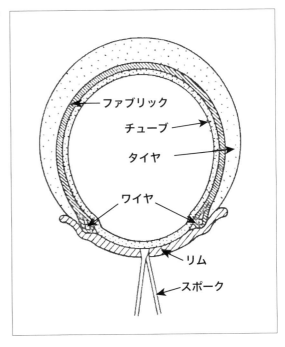

図8 現在の乗用車で使われて
いるビードワイヤータイヤの
ドロップセンターリムへの組
み付け方法
ビードの反対側をドロップセンターに
落とすと、手前のビードはフランジを
乗り越えられる。両方のビードを嵌め
て、空気を入れるとビードが定位置に
収まって、組み付け作業は完了する。

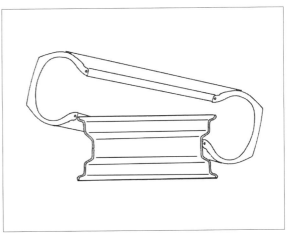

1-7　タイヤはなぜ黒いか

タイヤが黒い理由

　タイヤのゴムは、それまで、強度を増し摩耗を減らすために、増量を兼ねて炭酸カルシウムやタルク、酸化亜鉛などの、白い充填剤・添加剤が加えられていた。

　ある時、イギリスのゴム会社で、種類を識別するためにカーボンブラック（煤）を混ぜてゴムを黒くしたところ、その強度と耐摩耗性能が10倍にもなっていることを、偶然に発見した。それは1912年のことで、それ以来、タイヤはすべて黒くなってしまった。ゴムには、必ず、カーボンブラックが充填されるからである。

織らない織物？

　タイヤには、チューブの圧力に耐える強度が必要である。その強度は、カバーの芯となる粗く織った麻や綿の帆布、キャンバスが受け持っていた。しかし、キャンバスは、縦糸と横糸が互い違いに交差している平織りなので、伸縮すると擦れて切れやすく、ゴムの摩耗が少なくなっても、タイヤの寿命は2000〜3000キロだった。

　これを改善する画期的な発想が1920年頃に現れた。それは、縦糸と横糸を織らずに、そのまま重ねて、ゴムで接着するという、糸同士が擦れない"すだれ織り"（図9）の構造である。これが適用されて、タイヤの寿命は飛躍的に向上した。

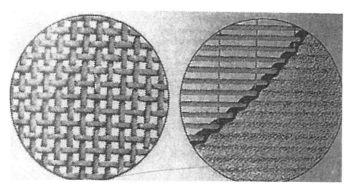

図9　平織り（左）からすだれ織り（右）へ
織らない並行な繊維だけの布では、バラバラで取り扱えないので、実際は、ところどころ細い横糸で織ってあり、すだれのような外観から"すだれ織り"と名付けられている。
出典：馬庭孝司『タイヤの基礎知識』グランプリ出版

自転車の呪縛

　自動車に空気入りタイヤが使われるようになっても、タイヤは、依然として細いままだったので、空気圧が高く、接地面積は自動車の重量に対して不十分だった。

　タイヤを太くすれば、空気圧を下げて接地面積が大きくできる（図10）。そうすればグリップが向上して、ブレーキ性能とコーナリング性能がともに高まり、しかも乗り心地は良くなる。このコロンブスの卵のような発想が実行に移されるのは、1920年代後半の"バルーンタイヤ"の出現まで待たなければならなかった（図11）。この自転車の呪縛からの解放で、自動車は、やっと安心して高速で走れるようになった。

年　度	1903— 1908	1908— 1909	1909— 1926	1927— 1928
タイヤ幅(インチ)	3.0	3.2	3.9	4.3
空気圧(気圧)	4.5	4.0	3.5	2.2
偏平率	1.00	1.00	1.00	1.00

図10　米国でのタイヤ断面の変化
1920年代後半に、"バルーンタイヤ"と呼ばれる低圧・大断面タイヤが普及して、自動車の高性能化を推進した。
出典：樋口健治『自動車雑学事典』講談社

図11　バルーンタイヤ装着のクライスラー（1925年）
バルーンタイヤを付けたクルマは「世界で最も安全」のキャッチフレーズで宣伝された。

1-8 放射状タイヤ？の出現

タイヤはゴムホースだった

　ゴムホースは、内圧が加わる場合は繊維で補強され、可撓性をもたせるために、その繊維は、手芸で縁どりに使うバイアステープのように、長手方向に対して45度に、互い違いに配置されている。路面追従性が必要な空気入りタイヤにも、ホースと同様の繊維配置が取り入れられたのは当然の成り行きだった。しかし、"バイアス"タイヤと呼ばれることになるこの構造のタイヤは、コーナリング時に接地面が変形しやすく、接地圧も不均一になるなど、グリップは完全とは言えなかった（図12）。

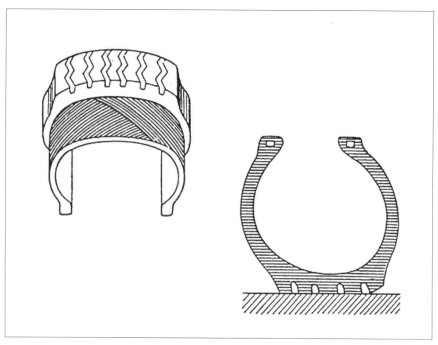

図12　バイアスタイヤの繊維配置とコーナリング時の接地面の状態
接地面は浮き上がり面積は減少する。
出典：樋口健治『自動車の科学』講談社

タイヤにタガを嵌める

　この問題を解決したのは、空気入りタイヤを普及させた、あのミシュラン社だった。ホースの構造から決別して、タイヤ外周に繊維のタガを嵌めるという革新的な構造のタイヤを発売した。タガを保持する繊維が側面を放射状に延びているので、「放射状」の英語から、"ラジアル"タイヤと名付けられた。特にタガに鋼線を使った"スチールラジアル"の接地面は変形し難く、接地圧のむらも少なく（図13）、グリップは大幅に改善し、その上、摩耗が少なく寿命が延びて、燃費も良くなった。唯一の欠点は、ゴツゴツした固い乗り心地だったが、サスペンションが改良されて不満は解消し、乗用車ばかりか、バス、トラックにも波及した。

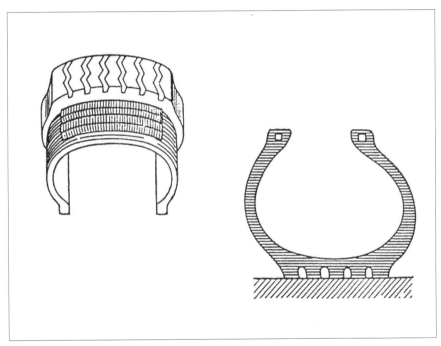

図13　ラジアルタイヤの繊維配置とコーナリング時の接地面の状態
接地面の変化は少ない。
出典：樋口健治『自動車の科学』講談社

扁平化のエスカレート

　このタガ構造の威力が明らかになると、特に乗用車用では、その幅を広くして、さらに性能を高めようと扁平タイヤが出現し、扁平度は年を追ってエスカレートした（図14）。偏平にするとリムの内径が大きくなるので、大きなブレーキの組み込みが可能となり、サスペンション設計の自由度も増えた。こうして、タイヤの進化が、ふたたびクルマの高速性能を一段と高めることになって現在に至っている。

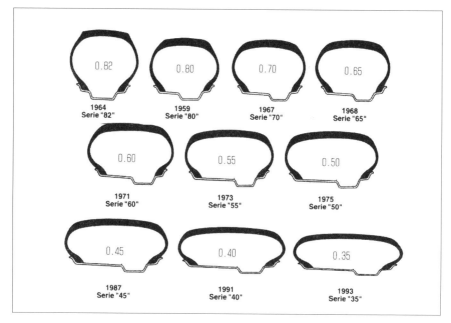

図14　コンチネンタル社タイヤの偏平率の変遷
偏平率は断面の高さを幅で割った値で定義される。
出典：エリック・エッカーマン著、松本廉平訳『自動車の世界史』グランプリ出版

第 2 章
走行安定性—タイヤの動き

2-1　クルマの操縦性・安定性

乗り心地と耐久性

　タイヤの歴史で、初めに改善された性能は、乗り心地と耐久性だった。乗り心地は、空気入りタイヤの出現で画期的に向上したが、のちに、太いバルーンタイヤが導入され、空気圧を下げることができて、乗り心地はさらに改善された。

　ゴムに黒いカーボンブラックを添加することで、強度と耐摩耗性が大幅に向上し、チューブを保護する繊維を織らずに重ねるだけの構造にして、繊維同士の擦れを避けることで、タイヤの寿命は目覚ましく延びた。

操縦性・安定性

　タイヤは回転していても、次々に接地部分が路面にグリップするので、継続的に路面に根を張っていると見なすことができる。そのため、タイヤの向いている方向からずれた方向にクルマが進もうとすると、タイヤは、グリップ部分を足懸りにして、タイヤの向いた方向に、クルマを引き寄せようとする力を発生する。

　ハンドルを回すと、前輪のタイヤのこの働きで、クルマはその方向に曲がることができる（図1）。クルマの後部が横風や路面の凹凸で横に向きを変えようとすると、後輪のタイヤのこの働きで、クルマは即座に直進姿勢に戻される（図2）。

　タイヤがこのようにしてつくるクルマの操縦性・安定性のお陰で、クルマは自由に進路を変えることができ、安定して直進することができる。

2-2　操縦性・安定性とタイヤの性能

コーナリングパワーと最大コーナリングフォース

　クルマの操縦性・安定性を支配するこのタイヤの働きは、二つの性能から成り立っている。第一の性能は、上述の、タイヤが、クルマをずれた方向から引き戻す力である。この性能は、タイヤの向きとクルマの向きが（図3①）1度ずれた場合の引き戻す力の数値で表され、"コーナリングパワー"と呼ばれる。これが大きいほど、クルマはハンドルの切れが良く、高速安定性も良い。コーナリングパワーは、スチールラジアルタイヤの出現で飛躍的に、超偏平化でさらに一段と向上した。

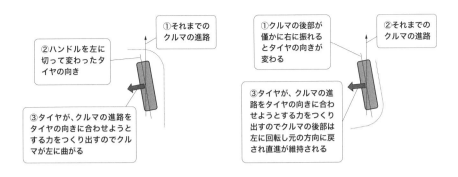

図1　ハンドルを切ってクルマが
曲がるプロセス（右前輪の例）

図2　クルマが直進できるメカニズム
（右後輪の例）
向きの変化は、わかり易いように誇張して描
いてある。

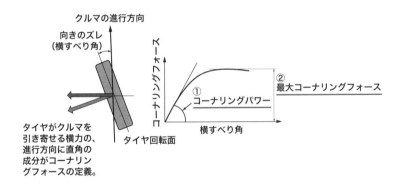

図3　操縦安定性にかかわるタイヤの性能
1度の横すべり角でつくられるコーナリングフォースで定義される
コーナリングパワーは、性能曲線の立ち上がりの勾配を表す。

　性能の第二は、横すべり角が大きくなっていった場合に、タイヤがつくる力（コーナリングフォース）の限度を表す"最大コーナリングフォース"である（図3②）。これが大きいほど、クルマはコーナーを高速で通過でき、ブレーキでの停止距離も短くなる。

荷重の影響

　しかし、この二つの性能は一義的には決まらず、タイヤが支える重量（荷重）によって変化する（図4）。コーナリングパワーも最大コーナリングフォースも荷重が増えれば、それにつれて増加するが、増加は比例的ではなく、ある荷重を超えると増加割合は低下する。したがって、タイヤの性能を把握するには、図のように、基準荷重を中心にその上下の荷重条件で測定した複数のデータを必要とする。

空気圧の影響

　さらに、この二つの性能は、空気圧によっても大きく変化する。空気圧を高めると、ある程度までは性能は向上する。しかし、性能の向上は頭打ちになり、それ以上の空気圧では低下する。したがって、タイヤの荷重が決まれば、性能を効果的に発揮できる空気圧が決まるので、自動車会社は、それを参考にして空気圧を指定している。

安全走行のヒント

　人は重い荷物を背負うと、うまく歩けなくなる。腹が減っては仕事ができない。タイヤも人と同じである。クルマを安全に走らせようとすれば、タイヤに過剰な負担を強いないことである。乗用車のトランクに重いものを載せて、後席に大勢乗せると、後輪タイヤの性能が低下して、クルマは走行が不安定になるおそれがある。空気圧の低下もタイヤ性能の劣化を招くので、高速道路の走行前には必ず空気圧を点検したい。

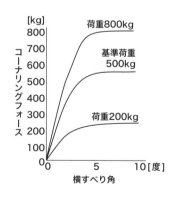

図4　高性能タイヤの性能の一例
タイヤの荷重が基準の500kgから800kgに増えても、カーブの立ち上り勾配で表されるコーナリングパワーは、荷重が200kgから500kgに増加する時ほど増加していない。
荷重500kgでの最大コーナリングフォースは500kgを大きく超えているが、800kgになるとおよそ800kgにとどまり、最大コーナリングフォースを荷重で割って、摩擦係数として比較すると、約1.1から1.0に低下している。

2-3　自動車の運動と航空機の運動

カーブ通過の条件

　自動車がカーブを通過するためには、カーブの中心に向かう求心力が必要である。このための"コーナリングフォース"は、タイヤの摩擦力を基にしてつくられる。この場合、最大コーナリングフォースが、要求される求心力を上回っていなければ、カーブを通過することはできない。この条件が自動車の運動に制約を与えている。

事故は高速で

　必要な求心力は、同じカーブでも、速度の二乗で増加する。カーブが急になると、半径に反比例して増加する。一方、供給側の基となる摩擦力は、速度に無関係で、一定である。しかも、雨で路面が濡れると低下し、路面が凍結すると大幅に減少する（図5）。

　クルマは、要求される求心力の曲線と供給側の最大コーナリングフォースの直線が交差する点を超える速い速度では、そのカーブを通過することが不可能になる。自動車が、スピードが速い時や路面が濡れた時に事故を起こすのは、このためである。

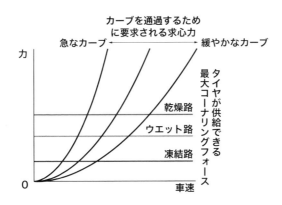

図5　自動車がカーブ通過に要求される力とタイヤが供給できる力
要求される力が、供給できる力を上回る速度ではカーブを安全に通過できず事故が起こる。

航空機の制約

　航空機の浮上と運動のための力は、翼がつくる空気力で供給される。空気力は、摩擦力と異なり、速度の二乗で増加する。そのため、航空機がある半径で旋回する場合、速度が速くなって要求される求心力が増加しても、供給側の空気力も同じペースで増加する。実際には、翼の強度や乗客の体力から許される速度には限界があるが、理論的には、航空機の旋回速度には、自動車のような制約はない。

事故は低速で

　航空機にとっての制約は、速度が低く空気力が小さい領域にある。図は航空機の離陸時の力関係を表したものである（図6）。供給側の空気力が要求側の離陸重量を上回る速度以上でなければ浮上できない。離陸重量が増加するとその速度は高くなる。米国便や欧州便がなかなか離陸しないのは、燃料を多量に積んで重く、高速でないと浮上できないためである。この制約から、航空機は、自動車とは逆に、低速で事故を起こしやすい。

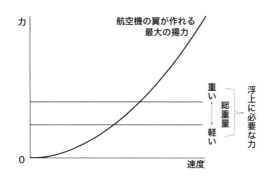

図6　航空機が浮上するために
必要な力と翼が作れる力
作れる力が、総重量を上回る速度でないと離陸できない。

2-4　自動車はなぜまっすぐ走れるのか

まっすぐ走るのはあたりまえ？

　自動車がまっすぐ走るのはあたりまえ、と考えるかもしれないが、それは誤りである。まっすぐ走るためには、ある条件を満たす必要がある。自動車はその条件を満たすようにつくられているから、高速道路をドライブしていても、おしゃべりを

したり、景色を眺めたりする余裕が生まれる。しかし、時にはこの条件が満たされなくなることがあり、走行が不安定になって単独事故を起こす。まず、その条件を明らかにしよう。

思考実験

　自動車がまっすぐ走れるかどうかは、何かの原因、例えば横風や道路の凹凸でクルマの向きが進行方向から変わった場合、自然に元に戻る作用がクルマに備わっているかどうかを調べればわかる。そのためには、走行中にほんのわずかに向きを変えた状態を検討すればよい。思考実験で、頭の中にそのような状況を再現してみる（図7）。

自転車モデル

　クルマが直進中に向きが変わると、前後のタイヤに横すべり角が発生してコーナリングフォースがつくられる。ここで、単純化のため、四輪車を二輪車に置き換えてしまう。この二輪車は、専門家が自動車の運動を研究する場合にも「バイシクル（自転車）モデル」と呼んで使っている。この時、前後のコーナリングフォースは、クルマを横に動かそうとすると同時に、重心を中心にしてクルマを回転させて向きを変えようとする。問題はこの時の回転方向である。

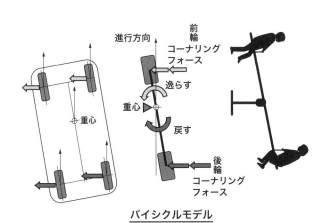

バイシクルモデル

図7　直進性の思考実験
思考実験では、進行方向とのズレはわずかでよいが、図をわかりやすくするため、誇張している。

シーソーゲーム

この状態は、シーソーにたとえるとわかりやすい。後輪の回転力が勝てば、向きの変化は即座に自動修正される。横すべり角は消滅してコーナリングフォースはなくなり、横への移動はほとんど起こらず、自動車は元の直進状態を維持することになる。前輪が勝てば、向きの変化はますます増大し、タイヤの横すべり角が増えるので、コーナリングフォースが大きくなって、クルマの回転角と横への移動量が急増することになる。

2-5 アンダーステアーと風見安定

コーナリングパワーと重心位置

思考実験で、クルマの向きが0.5度だけ変化した場合を考えよう（図8）。すると、前輪と後輪のタイヤに0.5度の横すべり角が発生する。シーソーの乗り手の体重に相当する力は、左右合計で、1本のタイヤが1度の横すべり角で発生するコーナリングフォースと同等なので、定義によりタイヤ性能の指標であるコーナリングパワ

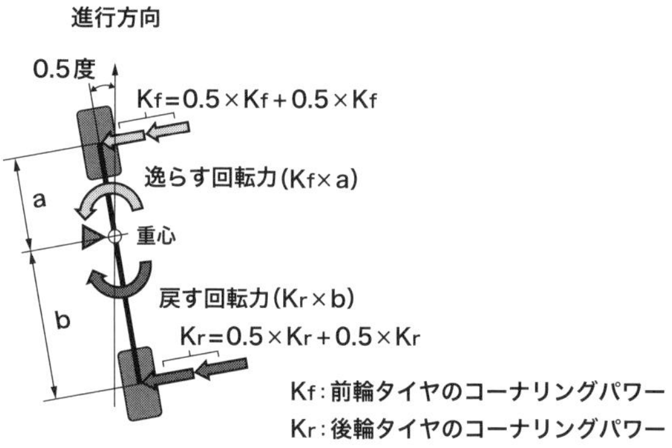

```
              進行方向
    0.5度
              Kf=0.5×Kf+0.5×Kf
              逸らす回転力(Kf×a)
   a
              重心
              戻す回転力(Kr×b)
   b
              Kr=0.5×Kr+0.5×Kr

              Kf：前輪タイヤのコーナリングパワー
              Kr：後輪タイヤのコーナリングパワー
```

図8　自動車の方向安定性
クルマが安定であるためには （Kr×b）＞（Kf×a）である必要がある。
この状態をアンダーステアーであると言う。この式は角度が入っていないので、方向のずれの量に無関係に成立する。

ーそのものになる。しかし、シーソーがどちらに傾くかは、コーナリングパワーの大小だけでは決まらない。自動車の場合、前後のタイヤから重心までの距離が、遊具のように等しくはないので、この距離の違いも考慮する必要がある。

アンダーステアー

　傾いたシーソーが元に戻るためには、後輪側の回転力が前輪側より優勢である必要がある。そのためには、梃子の原理から、後輪側の [コーナリングパワー] × [重心までの距離] が、前輪側の [コーナリングパワー] × [重心までの距離] より大きければよい。この条件を満たすクルマは、「アンダーステアー」であると言われ、いかなる速度でも安定した走行が保証される。世の中の自動車は、すべてアンダーステアーに設計され、製造されている。

風見安定

　自動車の後輪は、航空機の垂直尾翼にたとえることができる。垂直尾翼は、航空機にとって安定して飛ぶための重要な機構である。外国でよく見かける屋根や塔の頂点にある風見鶏の矢にも、反対側に大きな羽根がついており、それが航空機の尾翼と同じ働きをして、矢を風上に向ける。このように、必ず風上を向く性質を「風見安定」と呼んでいる。アンダーステアーの自動車は風見安定を持っているとも言える。垂直尾翼を失ったジャンボジェットは迷走して墜落した。自動車も、高速で後輪のタイヤがパンクすると、事故を起こす可能性が高い。

2-6　安定を装うオーバーステアー

隠れ不安定

　前輪側の勢力が大きい状態は「オーバーステアー」であると言われる。この状態では、シーソーで考えると、傾きが一気に増大し、クルマは進路を外れてしまうかのように説明した。ところが、実際はそうではなく、傾き始めると、傾きを減らそうとする作用が働いて進路を元に戻すので、安定な走行が可能となる。ただし、この復元作用が働くのは、車速が低い場合に限る。速度が上昇すると作用は減退し、本当の不安定になり事故を起こす。オーバーステアーは陰険だ、と言うのは、走り始めの低速で、不安定である正体を隠して人を欺くからである。

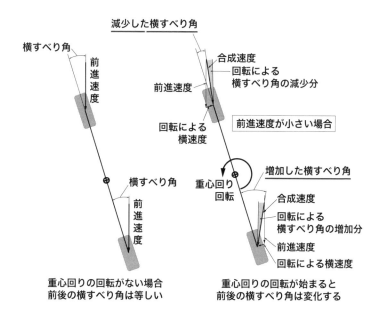

減少した横すべり角

横すべり角

前進速度

合成速度
回転による
横すべり角の減少分

前進速度

回転による
横速度

前進速度が小さい場合

重心回り
回転

横すべり角

前進速度

増加した横すべり角

合成速度

回転による
横すべり角の増加分

前進速度

回転による横速度

重心回りの回転がない場合
前後の横すべり角は等しい

重心回りの回転が始まると
前後の横すべり角は変化する

図9　回転で生じる横すべり角の変化による動的
わかりやすいように、クルマの重心を固定し、路面が動くように描いた。角度も誇張してある。

動的安定

　どうして復元作用が働くのだろうか。それは、前後のタイヤの横すべり角の変化を調べればわかる（図9）。直進中は、タイヤは前に進む速度だけを持っていたが、傾き始めると、タイヤに横向の速度も加わる。すると、その影響で、前輪の横すべり角は減少し、後輪の横すべり角が増大する。その変化分だけ、後輪側の回転の勢力は増大し、前輪側は減少する。車速が低いほど、横すべり角の変化量が大きくなるので、オーバーステアーであっても、低速では見かけ上安定になる。このように、傾き始めることで復元力が発生してできる安定を「動的安定」という。

安定限界速度

　要するに、傾く動きで"助っ人"が出現し、それが悪役の前輪側の力を削ぎ、正義の後輪側に加勢するので、オーバーステアーのクルマでも、安定して走れるというわけである。ただし、この"助っ人"の力は、車速が速くなると小さくなるの

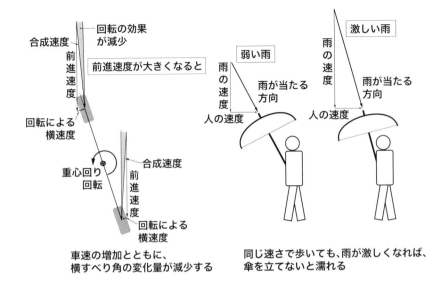

図10　オーバーステアーでは安定限界速度が存在する
車速が上昇すると、横すべり角変化量が減少することは、傘の傾け方を考えるとわかりやすい。

で、悪役の勢力が大きい、すなわち、オーバーステアーの程度が強いクルマほど、すぐに"助っ人"の加勢が及ばなくなって「安定限界速度」に達し、低い速度で動的安定性が失われる（図10）。

2-7　コーナリングフォースがつくられるメカニズム

ステアー特性

　アンダーステアーとオーバーステアー、その中間の「ニュートラルステアー」を総称してステアー特性と言う。ステアー特性が変化するのは、おもに、コーナリングパワーが変化するからである。その変化の様相を理解するためには、コーナリングパワーが、何によって決まるのかを知ることが必要になる。そのためには、遡っ

て、なぜタイヤは、横すべりを起こすと横向きの力（コーナリングフォース）を発
生するのか、その詳しい説明から始めなければならない。

タイヤ接地面の挙動

　横すべり角がついたタイヤが路面を転がっていく過程を詳しく観察してみよう
（図11左）。それには、路面に穴を掘ってガラス板で蓋をして、そのガラス板の上
に、横すべり角をつけてタイヤを置き、その穴の中から接地面を見上げた状態を想
像していただきたい。ここでは、理解しやすいように、タイヤを前に転がすかわり
に、車軸をそのままの位置に固定しておいて、ガラス板を後ろにずらしてみる。

コーナリングフォース発生のメカニズム

　接地面のゴムはガラス板にしっかり密着しているので、すべらずにガラス板とと
もに後ろ（矢印Aの方向）に動いていく。しかし、タイヤの付け根であるリムは、
タイヤの向きそのものなので、ガラス板の移動につれて、斜め（矢印B）の方向に
回転していく。その結果、タイヤの回転につれて、接地部分がリムの部分から次第
に横にずれていくことになる（図11右）。これは、タイヤにとって不自然な状態な
ので、その歪を解消しようと接地面のゴム（＝路面）はリムを自分のところに引き
寄せようとする。これが、横すべり角があると、タイヤがコーナリングフォースを
つくりだす理由である。

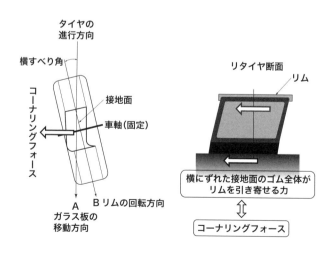

図11　コーナリングフォース発生のメカニズム

2-8　タイヤの性能は何で決まるか

タイヤ本体の変形

　タイヤは、硬いトレッドゴムと、空気の入った柔らかい本体部分とで構成されている。接地面が横に移動した時、本体が柔らかいと容易に変形するので、変形に大きな力が必要な硬いトレッドゴムの歪が少なくて済み、のれんに腕押しで、リムを横に引き寄せる力は大きくならない（図12左）。逆に、本体の変形が少ないと、トレッドゴムの歪が大きくならざるを得ず、力は大きくなる（図12右）。要するに、本体部分が横に変形しにくいタイヤが、大きなコーナリングフォースをつくることができて、コーナリングパワーが大きく、高性能になる。

どんなタイヤが高性能なのか

　実際には、どんなタイヤの性能が高いのだろうか。性能に影響する要素は、①大きさ　②構造　③断面の形状　④充填空気圧　⑤タイヤが支える荷重、などがある。順を追って説明しよう。

大きなタイヤ

　タイヤが大きくなると、少しばかりの力では横に変形しないので、タイヤは大きいほど性能が高い。F1などのレーシングカーでは、車体の大きさに不釣り合いなほど大きなタイヤを使うのはそのためである。

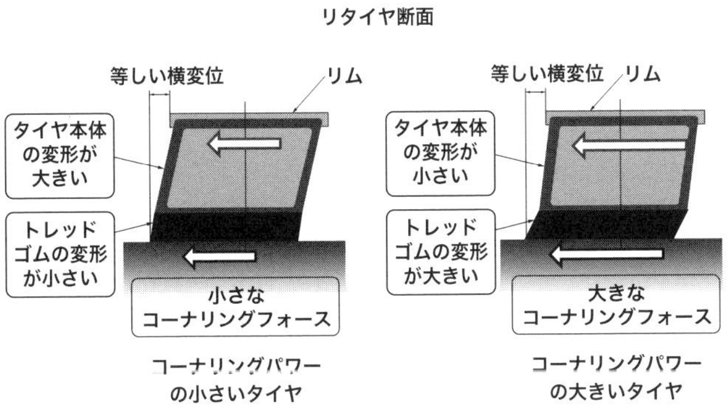

リタイヤ断面

図12　コーナリングパワーの大小

ラジアルタイヤ

ラジアルタイヤでは、トレッドゴムのすぐ内側を鋼線で補強されたベルトが、桶の「たが」のようにタイヤ外周を取り巻いている。したがって、タイヤ接地面を横に変位させようとすると、この「たが」がタイヤ全周を横に引っ張ることになるので、著しく大きな抵抗力、すなわちコーナリングフォースをつくりだす。

偏平タイヤ

断面形状が偏平なタイヤほど高性能である。その理由は、接地面の幅が広くなるので、「たが」の幅も広くなり強度が増して、接地面の横移動への抵抗が、より大きくなるからである。

2-9　ユーザーが変えるタイヤの性能

空気圧の影響

空気圧が低いとタイヤ本体が柔らかく、横に変形しやすくなって、コーナリングパワーを低下させる。空気圧を高めれば、本体が横変形し難くなり、性能は高まる。しかし、空気圧を高め続けても、性能が際限なく高まるものではなく、最適な空気圧が存在する（図13）。

タイヤ性能の限界

その理由は、空気圧が高まると、タイヤのたわみが少なくなるので、接地面積が減少し、グリップ力が低下するからである。タイヤの性能は、[横変形への抵抗力]×[路面へのグリップ力]で決まるから、グリップ力が減少したのでは、増えた横変

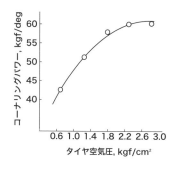

図13　タイヤ空気圧とコーナリングパワーの関係
空気圧の増加とともにコーナリングパワーの増加は頭打ちになる。
出典：安部正人『自動車の運動と制御』第1版東京電機大学出版局

形への抵抗力を効果的に生かすことはできない。両者のバランスがとれたところが
性能の限界となる。

指定空気圧

　しかし、自動車会社は、指定する空気圧を性能だけでは単純に決められない。タ
イヤの接地面形状を決める荷重は、積載条件で変動する。間違いを防ぐため、全て
のタイヤで指定空気圧は同一にしたい。さらに、乗り心地の面からは、柔らかいタ
イヤが望ましく、空気圧は低い方がよい。指定空気圧は、これらの事項も考慮して
決定される。

荷重の影響

　タイヤが支える荷重が増加すると、あたかも空気圧が少なくなったように、横に
変形しやすくなる。また、タイヤのたわみが増え、接地面が路面を押さえる力の分
布が不均一となり、周辺の部分が強く接地し、中央付近が浮く傾向となってグリッ
プにも悪影響を及ぼす。その結果、コーナリングフォースの増加量が逓減し、相対
的に性能が低下する。

緊急避難の安全対策

　高速走行で安定を失って起こす事故の原因は、ほとんどが空気圧の低下か、不適
切な荷物の積み方によってタイヤの荷重が大幅に増えることによるものである。以
上の説明から、やむなく重い荷物や多数の人を運ぶことを余儀なくされた場合、タ
イヤ性能の低下でステアー特性が大きく変わることを防ぐ安全対策として、空気圧
を少し増やすことが効果的であることがおわかりのことと思う。

2-10　タイヤ空気圧低下の危険

前輪タイヤの性能低下

　前輪タイヤの空気圧が下ると性能は低下し、後輪の性能が相対的に高くなって、
アンダーステアーが強くなり安定性は向上する。しかし、アンダーステアーが過度
に高まると、ハンドル操作に対する反応が鈍くなってクルマは向きを変え難くな
り、操縦に骨が折れるようになる。しかし、運転に支障をきたすほどになることは

少ない。

前輪タイヤのパンク

　性能低下の最も著しいケースはパンクで、タイヤの性能はほとんどゼロになる。左右が同時にパンクすることはまずないので、残っている正常な前輪タイヤのお陰で、ハンドルの効きは大幅に低下するが、クルマの向きを変えることはできる。その場合、慌てずに減速すれば事故を起こすことは少なく、前輪タイヤのパンクが大きな事故につながることはめったにない。

後輪タイヤの性能低下

　後輪の性能低下は、自動車の走行を安定させるアンダーステアーの度合いを減らし、極端な場合はオーバーステアーとなって高速では安定して走行できなくなる。後輪の空気圧の低下は事故に直結する可能性があるので、安全上、空気圧の管理を怠ってはならない。

　何より恐ろしいのは後輪のパンクである。正常なタイヤが一輪残っていても極度のオーバーステアーになる。オーバーステアーの度合いが著しい程、安定限界速度は低くなるので、高速道路で後輪がパンクした場合、事故につながる頻度は高い。

時速64キロで単独事故

　かなり以前になるが、米国で品質不良のタイヤが市場に出てしまい、高速道路でパンクが多発し、多くの死者を出した事件があった。事故の状況を報じたニュース記事があるので、それをご覧いただきたい（図14ニュース記事）。この記事は、後輪タイヤのパンクの恐ろしさを見事に活写している。事故が比較的低速の、わずか時速40マイル（約64キロ）で発生していることにご注目いただきたい。極度のオーバーステアーが、このクルマの安定限界速度を驚くほど低下させたことを示している。

2-11　荷物の積み過ぎと異種タイヤの混用

荷物の積み過ぎ

　タイヤに規定以上の荷重を負担させると性能が低下する。これはすでに説明し

> 2000 年 9 月 3 日、アメリカ・テキサス州の高速道で、ファイアストン社製のタイヤを装着した 1996 年型フォード『エクスプローラー』が事故を起こし、同乗していた 10 歳の少年が死亡した。
>
> 　事故は高速道路「インターステート 35 号線」で発生。時速 40 マイル（約 64km/h）で走行していたエクスプローラーの後輪タイヤが突然パンク。
>
> 　同車は蛇行しながら壁面に衝突し、横転。仰向けになったまま路肩に激突して停止した。車に乗っていた 6 人は衝突の弾みで車外に放出され、10 歳の少年が全身打撲で即死している。

図 14　ニュース記事

図 15　フルサイズの大型セダンの一例
（1975 年シボレー・インパラ）
当時のフルサイズカー。巨大なトランクが後車軸から
後ろにオーバーハングしているのがわかる。

た。したがって、過積載はクルマの安定性・操縦性を劣化させる。

　ほとんどの自動車は、荷物や人を後車軸の近くに乗せるようになっている。そのため、過積載は後輪の性能を集中的に低下させ、オーバーステアーになる危険がある。特に、乗用車のトランクは後車軸より後ろにあるので、「てこ」の原理が働いて、荷物の重量より大きな荷重が後輪に加わることになるので、予想以上に安定性を悪化させる。

トランクのスーツケース

　数人でアメリカ旅行した時、全員のスーツケースが積めるように、フルサイズの大型セダンを借りたことがある（図15）。スーツケースは巨大なトランクに難なく

収まったが、走り出してびっくりした。車線変更する度に、クルマの動きがふらふらと収まらず肝を冷やした。後席の同乗者とトランクの重量が安定性を大きく損なうことを実感した。

異種タイヤの混用

　もし、タイヤを交換する必要が生じたら、必ず、それまで使っていたタイヤと同一サイズ、同一構造、同一用途のタイヤを選ぶ必要がある。同一サイズでも、冬用タイヤや、最近では少なくなっているがバイアスタイヤは、一般的に性能が低下するので、それらの混用はクルマの挙動に悪影響を及ぼす。

ラジアルタイヤとバイアスタイヤ

　同一寸法でも、前輪にラジアルタイヤ、後輪にバイアスタイヤのように、構造の異なる組み合わせにすると、前輪のタイヤの性能が後輪を大きく上回って、オーバーステアーに近づき安定性が低下する。この逆では、アンダーステアーが強くなりすぎて、クルマは機敏な運動ができなくなり、扱い難くなる。

大小のタイヤ

　同一構造でも、サイズの大きなタイヤは一般的に性能が高いので、前輪に大きいタイヤを選択すると、性能が高くなってオーバーステアーに近づく。後輪にサイズの小さいタイヤを選択した場合も、性能低下でオーバーステアーに近づくので要注意である。

2-12　過積載の事故と対策

乗用車の転落事故

　かなり以前、夜中に若者8人が乗用車に乗って走っていて、道路から転落した死傷事故の記事が新聞に載った（図16ニュース記事）。その原因を考えてみよう。
　事故を起こした16歳の無免許の会社員の運転が未熟だった可能性もあるが、筆者は、過積載によるクルマのオーバーステアー化で、安定性が失われたことが引き金になった可能性が高いと考えている。

1日午前2時20分ごろ、福井県武生市矢船町の日野川堤防上の市道から、トランクに入るなどして若者8名がぎゅう詰めの乗用車（定員5名）が約2メートル下に転落後、前方のコンクリート壁に衝突した。1人が胸を強く打って死亡したほか、7人が重軽傷を負った。…武生署の調べによると、車内の座席のほかトランクに2人が入っていた。

図16　ニュース記事

トランクに2人

　それは、定員5人の乗用車に8人も乗り、しかも「トランクに2人が入っていた」という記述から推察される。乗用車は前席には2人しか乗れないので、4人が後席に乗り、乗り切れない2人がトランクに入ったものと思われる。これでは、後輪タイヤの荷重が極端に増え、クルマの安定性が大幅に低下してしまう。それにもかかわらず高速で走行し、進路を逸脱したに違いない。クルマ好きの青年たちにステアー特性の知識がなかったことが残念である。

数の多い後輪

　乗用車では同一のタイヤを四輪で使っているが、それ以外の自動車の設計では、用途に合わせて、もっと自由にタイヤを選択している。

　重い荷物を運ぶのが役割のトラックでは、多少の過積載でもオーバーステアーにならないように、後輪タイヤの性能に十分な余裕を持たせる設計が必要になる。そこで同一タイヤは使用するが、後輪の数を増やして、4本あるいは8本のタイヤを使うことが少なくない。

大きな後輪タイヤ

　高性能スポーツカーやF1などは、後輪タイヤは強力なエンジンの力を路面に伝えなければならない。別途詳しく解説するが、大きな駆動力もコーナリングフォースを減少させるので、オーバーステアーになる恐れがある。しかし、大きなコーナリングフォースを確保して、ステアー特性の変化も避けたい。この要求を満足させる解決策は、後輪タイヤの性能に十分な余裕を持たせること以外にはない。そこ

で、後輪タイヤの数は増やせないので、2本のままでサイズを大きくすることが行われている。

第 3 章
安全に曲がる技術

3-1　直進から旋回へ

操縦性

　クルマが安定して直進できるのは、向きが逸れた際に前後輪のタイヤがつくる横向きの力（コーナリングフォース）のシーソーゲームで、後輪が勝つようにつくられているからだ。これは、既に説明した。しかし、直進するだけでは自動車の役割は務まらない。進路を自由に操ってコースを選び、必要な場所へ乗員や荷物を運ぶのが本来の使命である。この性能を「操縦性」と呼ぶ。

ハンドルを切ると

　クルマが曲がれるのは、後輪に負けている前輪をドライバーが加勢するからだ。直進中にハンドルを切ると、前輪だけに横すべり角が発生し、クルマは回頭を始める（図1）。すると、後輪の横すべり角が次第に増加し、後輪のコーナリングフォースが回頭にブレーキを掛ける。しかし、前輪は、あらかじめ角度がついている分だけ横すべり角が大きく、後輪と前輪の回転力が釣り合って安定しても、回頭角度が残る（図2）。

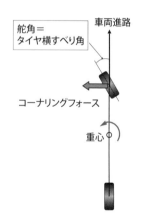

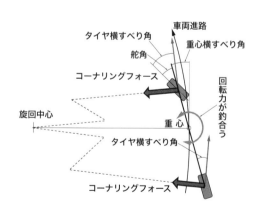

図1　旋回開始
ハンドルを切って前輪が向きを変えるとタイヤに横すべり角が発生し、そのコーナリングフォースでクルマは回頭を始める。

図2　定常旋回
クルマが回頭を始めると、後輪タイヤにも横すべり角が発生し、コーナリングフォースが次第に増大して前輪の横力と釣り合うと回頭は停止し、一定の重心横すべり角で安定した定常的な円旋回に入る。

定常旋回

この時の前後輪のコナーリングフォースの合力が求心力となり、クルマは「定常旋回」状態に入る。ドライバーが前輪に与える角度（「舵角」）が大きいほど、釣り合い時の回頭角（「重心（車体）横すべり角」）は大きく、求心力が大きくなり、旋回半径は小さくなる。これらのことから、後輪の力が強過ぎると、曲がるために大きな舵角が必要になり、扱い難いクルマになることがわかる。直進安定性では正義の味方だった後輪は、操縦性では邪魔者に逆転する。

3-2　旋回中の姿勢と応答遅れ

内輪差

低速では、前輪はカーブを大きく回り、後輪は小回りをする。その結果、車体は外を向く。運転教習で苦労する「内輪差」の存在がその証拠である。

低速の旋回では、必要な求心力が小さくて済むので、タイヤに大きな横すべり角をつくる必要がなく、タイヤは、ほぼその向いている方向に転がる（図3a）。これがその理由である。

逆内輪差？

速度が上がると、クルマは徐々に内側を向くようになり、高速旋回では大きくカーブの内側を向く。

理由は、速度の上昇とともに必要な求心力が大きくなるので、タイヤの横すべり角を大きくしなければならないからである（図3b）。内輪差に対して、これは逆内輪差とでも呼ぶべき現象だが、そのような言葉は使われていない。見る機会がないからだろうか。だが、レースの写真ではハッキリと認められる（図4）。

操舵応答遅れ

そのため、旋回に入るには、高速ほど、クルマの角度を大きく変えなければならない。クルマは前後に長く重いので、ハンドルを回しても瞬時には向きが変わらず、高速ほど、その角度に到達するのが遅れることになる。この現象を「操舵応答遅れ」と呼んでいる。街中の走行では、ハンドルを切ればクルマは即座に向きを変えるように思えるが、それは、低速なので応答遅れが少ないからである。

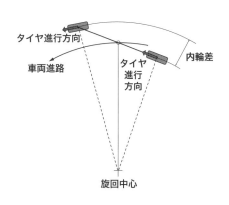
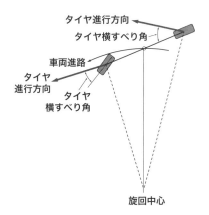

図 3a　極低速旋回
低速では求心力が小さいのでタイヤは横すべり角が少なく、ほぼ向いた方向に転がりクルマはカーブの外を向き内輪差が発生する。

図 3b　高速旋回
高速では大きな求心力が必要になりタイヤには大きな横すべり角がつくられクルマはカーブの内側を向く。

図 4　高速コーナーの通過
各車はコーナーを速く走るためタイヤの横すべり角を最大にしている。そのため、前輪が後輪より内側を通り、逆内輪差？が見られる。
出典：SADAHIKO ASAI DATA BANK

高速道路の事故

　高速道路が出現した当初、高速での応答遅れを知らないドライバーによる事故が発生した。彼らは低速の要領で、車間距離をとらず前のクルマを追い越そうと加速する。しかし、ハンドルを切っても、クルマがすぐには応答しないので、追突を恐れてハンドルを切り増してしまう。すると、一瞬遅れてクルマは大きく向きを変え

るので、驚いてハンドルを戻すが、この際も戻し過ぎとなりクルマは蛇行し、過修正を繰り返して衝突や転覆に至る。

3-3　応答遅れを減らすには（1）

車体横すべり角

　旋回に入る際に、高速ほど操舵応答遅れが大きくなる理由は、必要とする求心力が大きくなり、前後のタイヤの横すべり角を大きくするために、カーブで車体を、より内側に向けなければならないからである。重心位置での旋回半径の接線と車体中心線とのなす角を「車体横すべり角」ともいうが、これが大きくなることが応答遅れの原因となる（図5a）。

コーナリングパワー

　車体横すべり角はタイヤの性能で決まる。タイヤ性能の指標であるコーナリングパワーが大きいタイヤを使えば、カーブを曲がるのに必要な求心力を、小さなタイヤ横すべり角でつくれるため、車体横すべり角も小さくてすむ。すると、重い車体を振り回す角度が小さくなるので、クルマが旋回状態で安定するまでの時間が短縮され、応答遅れが減る（図5b）。

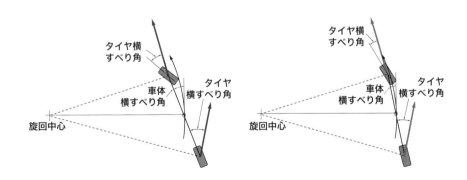

図 5a　旋回時の好ましくない姿勢
大きなタイヤ横すべり角をつくるために車体横すべり角は大きくなる。

図 5b　旋回時の好ましい姿勢
タイヤ横すべり角が小さくてすむと車体横すべり角は小さくなる。

消極的対策

　操舵応答遅れを減らすクルマ側の対策は、消極的な対策と積極的な対策とに分けられる。消極的な対策には二つの進め方がある。第一は、進路変更の際に必要とする横向きの力をできるだけ小さくすることである。第二は、タイヤが性能を最大限に発揮できるようにすることである。第一の進め方には二つの手法がある。軽量化と、車両が向きを変える際の慣性抵抗を減らすことである。

軽量化

　車両重量が減れば、同じ進路変更をするにも横向きの力が少なくて済む。その結果、タイヤの横すべり角は小さくなり、車体横すべり角が小さくできる。スポーツカーの設計では、高性能の大きなタイヤの使用は当然だが、軽量化の努力も徹底して行われ、重量軽減のために、高級な材料が、コストと扱い難さの犠牲を払って採用されることもある（図6）。

慣性モーメント低減

　進路変更の際には、車体を横に動かすだけではなく、向きも変えなければならない。向きを変える際の抵抗は「慣性モーメント」と呼ばれる値であり、これは、重量は同じでも、重量物が重心から遠いところにあるほど大きくなる。ダンベルと砲丸を握って、拳をひねって比べてみれば、慣性モーメントの大小が実感できる。重量物をできるだけ重心近くに集めれば、タイヤの力が小さくともすばやく向きを変えることができるので、応答遅れは小さくなる。

図6　ミッドシップ - エンジンレイアウトのホンダ NSX
軽量化のために、ボデーはすべてアルミ合金で構成されている。
この材料の成型と溶接のために新技術の開発が行われた。
出典：『DATA DREAM　Products & Technologies 1948-1998』
HONDA R&D

図7　ミッドシップ - エンジンレイアウトのホンダ F1
1964 年ドイツグランプリでデビューした RA271。大きな 1.5L エンジンを載せるため、ボデーをドライバーの後ろで切断し、パイプ骨組みでエンジンを支えた。筆者が設計。
イラスト出典：『DATA DREAM Products & Technologies 1948-1998』HONDA R&D

ミッドシップ-エンジンレイアウト

　自動車で最も重い部品はエンジンである。普通、エンジンは前車軸の近くに載っているので重心からは遠く、これが慣性モーメントを大きくしている。高性能スポーツカー（図6）やF1（図7）、インディーカーでは、慣性モーメント低減を狙ってドライバーの後ろの重心の近くにエンジンを載せている。このようなエンジン配置は「ミッドシップ-エンジンレイアウト」と呼ばれている。

3-4　応答遅れを減らすには（2）

対地キャンバー角

　タイヤは、路面に垂直に接触していなければ、接地面の圧力分布が不均一になり、十分な横向きの力を引き出すことができなくなる。そのため、進路変更の際、タイヤが路面に対して傾かないようにすれば、応答遅れを少なくすることができる。そこで、高性能車の設計では、タイヤの路面に対する直角度の変化に注意を払う。タイヤの垂直からの傾き角を「対地キャンバー角」と呼んでいる。

ロール

　クルマの車体はバネで支持されているので、走行中、姿勢が変化する。横への傾きを「ロール」と呼ぶ。進路変更が始まると、車体は慣性で反対側にロールする。すると、タイヤも一緒に傾くので、対地キャンバー角が増加して、タイヤは持てる

能力を十分に発揮できなくなる（図8）。そのため、高性能を狙うクルマでは対策が必要になる。

低重心化

　ロールの原因は、重心に発生する慣性（遠心）力である。したがって、慣性力の大きさは同じでも重心が低ければ、車体をロールさせる回転力は小さくなり、ロール角は減少する。そのため、高性能を狙うクルマでは、極力重心を下げる設計も行われる。ローリング（暴走）族が、クルマのバネを固くし、地面に擦れるのではないかと思われるほど車高を下げているのは、性能向上のためには理にかなっているのである。

アンチロールバー

　ロール角を減らすには、バネを固くすればよいが、乗り心地が悪化するので限度がある。この問題を、乗り心地を悪化させずに解決した発明が「アンチロールバー」である。これは、左右の車輪をつなぐ「ねじり棒バネ」で、車体がロールし、左右の車輪の上下動に差が生じた時だけ、ねじれてロールに抵抗するバネとして働く機構である（図9）。高性能車には、強力なアンチロールバーが前後輪に組み込まれているのが普通である。

3-5　応答遅れを減らすには（3）

セルフアライニングトルク

　コーナリング時、タイヤには横すべり角を減らそうとする回転力も発生する。この回転力は「セルフアライニングトルク」と呼ばれる。コーナリングフォースはタイヤ接地面の横ずれでつくられるが、横ずれ量は後ろほど大きくなり、それにつれて各部で発生する横向きの力も後ろほど大きくなるので、合力の位置がタイヤの中心より後ろに偏る。それが、横すべり角を減らす方向の回転力となる（図10）。

ラバーブッシュ

　昔の乗用車は、サスペンションの軸受に頻繁に給油する必要があり扱いは面倒だった。しかし、最近の乗用車ではその必要はない。その理由は、揺動するリンクの

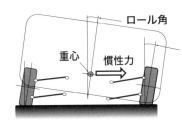

図 8　車体のロールによる対地キャンバー角の変化
ロールさせようとする回転力は、重心に発生する慣性力なの
で、重心位置を下げればロール角は減少する。

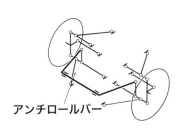

（原理図）

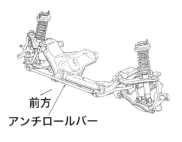

前方
アンチロールバー

（構造例）

図 9　アンチロールバー
筆者は、中学生の時、何のためにこんなものがあるのかわからず、不思議に思った。この機構には、ロール角
を減らすだけではなく、非常に重要な役割もある。それは別途解説する。
出典：Wolfgang Matschinsky"Road Vehicle Suspensions" Professional Engineering Publishing Limited, P.72
出典：自動車技術会編『自動車技術ハンドブック　5 設計（シャシ）編』自動車技術会

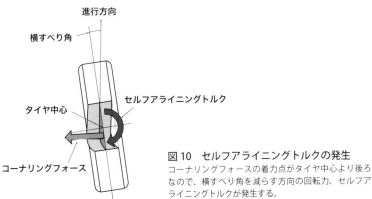

図 10　セルフアライニングトルクの発生
コーナリングフォースの着力点がタイヤ中心より後ろ
なので、横すべり角を減らす方向の回転力、セルフア
ライニングトルクが発生する。

軸受が金属からゴムに進化したからである。ゴムの軸受は「ラバーブッシュ」と呼ばれる（図11）。金属同士が滑る軸受では潤滑油は欠かせないが、ラバーブッシュは、ゴムがねじれるだけなので潤滑は不要である。

コンプライアンスステアー

　ラバーブッシュの採用で、音と振動が遮断され乗り心地もよくなったが、変形し易くなり、車輪を支える剛性が低下し、車輪の向きが容易に変化するようになった。この変化は「コンプライアンスステアー」と呼ばれる。セルフアライニングトルクは、車輪の向きを、横すべり角を減らす方向に変化させるので、剛性が低いと予期したコーナリングフォースがつくれなくなる。これも応答遅れを助長する。

乗り心地が犠牲

　サスペンションの設計で、軸受の配置や剛性を工夫して横すべり角を増やす手法もあるが、高性能車においては、応答遅れの対策としてサスペンションやステアリングの剛性を高めることが行われており、ゴムではなく固体の軸受が採用される場合もある。

　固いサスペンションスプリングと強力なアンチロールバーに加え、コンプライアンスステアーを減らす剛性の高い軸受を採用するスポーツカーやレーシングカーなどの高性能車では、結果として乗り心地が犠牲になることは避けられない。

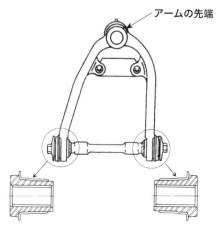

アームの先端

図11　サスペンションアームの軸受に使われるラバーブッシュ
車輪につながるアーム先端が上下しても軸受ではゴム（斜線部）がねじれるだけで摺動はしない。
出典：自動車技術会編『自動車技術ハンドブック　5　設計（シャシ）編』自動車技術会

3-6　応答遅れを減らすには（4）
　　　源流思考

源流思考
　これまでは、応答遅れの影響を少しでも小さくしようとする消極的な対策を解説してきた。ここで、発想を新たにして、応答遅れの原因そのものを取り除くことができないかを考えてみよう。この源流思考は、問題の発生をその源で阻止するという、一代にして、小さな町工場を世界企業に育て上げた本田宗一郎氏が好んで用いた発想法である。

排気ガス公害低減の先導者
　米国の厳しい排出ガス規制に、世界中のメーカーがエンジンには手を付けないで、「排気ガスの浄化は困難で対応不可能」と反対した当時、本田氏は、浄化し難い排気ガスを出さないようにエンジン自体を改良し、世界に先駆けて排出ガス規制に合格するクルマを生産して見せ、排気ガス公害低減の先導者になった。

応答遅れの元凶
　話を本題に戻して、源流思考を適用するために、応答遅れの根本的な原因は何かを考えてみよう。それは、後輪タイヤが車体に固定されているという事実である。そのため、後輪から大きなコーナリングフォースを引き出すために大きな横すべり角をつくろうとすると、いやでも車体を大きくカーブの内側に向けなければならない。これが応答遅れの元凶である。

四輪操舵
　この元凶を排除することは容易である。それは、後輪も、前輪同様に転舵できる四輪操舵（4WS）を採用することである。4WSで遅れを減らすには、後輪をどう切ればよいのか。読者なら、すぐに、前輪と同方向に転舵すれば、車体の向きを変えなくとも、進路変更に必要なコーナリングフォースをつくりだせるという正解に気がつくと思う（図12）。
　しかし、前輪と後輪がいつも同方向に舵を切るのでは、最小回転半径が大きくなって実用にはならない。この課題が解決されて、扱いやすく高性能な4WS車が市販されるのは、ようやく1987年になってからである。

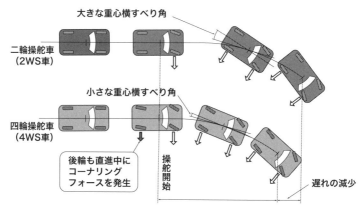

大きな重心横すべり角

二輪操舵車
(2WS車)

小さな重心横すべり角

四輪操舵車
(4WS車)

後輪も直進中に
コーナリング
フォースを発生

操舵開始

遅れの減少

図12 四輪操舵車の優れた応答性
4WS車は、後輪も、直進中にコーナリングフォースを作れることと、
重心横すべり角が小さくとも大きなコーナリングフォースを作れるた
め、2WS車より横移動の遅れを大幅に少なくできる。

3-7 応答遅れを減らすには（5）
古典的四輪操舵

前後にハンドル

クルマを扱いやすくするには、最小回転半径が小さいことが重要である。それが厳しく要求されるのが戦争である。第一次世界大戦で、英国が投入したロールス・ロイスの装甲車に悩まされたドイツが、後輪を転舵するハンドルを後席に取り付けた前後輪操舵車を開発した。この4WS車は、狭い道を通ることができる小さな回転半径と、Uターンせずに後退できることを狙ったものだった。米国には、トレーラー後部にもハンドルのある消防梯子車が現在でも存在する。

古典的四輪操舵

一つのハンドルで後輪を前輪と逆方向に転舵するクルマもつくられてきた。筆者が古典的四輪操舵と名付けているこのような4WSは、現在でも作業用車両に存在するが、何れも使用は低速に限られている。後輪をこのように転舵する4WS車では、後輪がコーナリングフォースをつくるためには、前輪操舵車より大きな重心横すべり角が必要になるので、操舵に対する応答の遅れがさらに大きくなって高速では安全な走行ができない。

図13　メルセデス・ベンツ　G5
前輪と後輪を同じ角度逆向きに転舵することで、四輪駆動であるが旋回時に前輪と後輪の軌跡を一致させて回転数を等しくし、前後の車軸間の差動装置（センターデフ）を省いている。山岳救助用、狩猟用、未開発国用、軍用などによって車体は異なる。1938年製のこのクルマのエンジンは2Lで45馬力。
出典：『Technik Museum Speyer ガイドブック』

乗用車では失敗

　古典的四輪操舵で最も成功したものは、1937年に開発され1941年までに378台が生産されたメルセデス・ベンツの多用途オフロード車"G5"である（図13）。この成功で気をよくした会社は、この方式を乗用車に適用しようとしたが、高速周回テストコースで試作車の事故が多発したので開発を断念した、と伝えられている。

「後輪は動かすものではない」

　古典的四輪操舵が高速走行で問題を起こすという事実が周知されず、その原因の究明も行われなかったため、1968年にも、古典的四輪操舵の試作車が米国で発表されている。

　1979年、筆者の研究チームがパリの国際会議で「後輪を前輪と同方向に転舵する4WSがドライバーの運転成績を高める」ことを発表した。それに対し、ドイツの専門家の中には、「後輪は、向きが変わらないようにしっかりつくるのがよく、動かすものではない」と言う人がいるような状況だった。

3-8　応答遅れを減らすには（6）
　　日本の独創技術

小型車の安全

　1970年代、自動車の安全に対する社会の関心が高まった。小型車は、衝突時に衝撃を吸収する部分が短いため、大幅な衝突安全性能向上は困難である。当時、筆者の会社では、軽と小型乗用車しか生産していなかったので、そのハンディキャッ

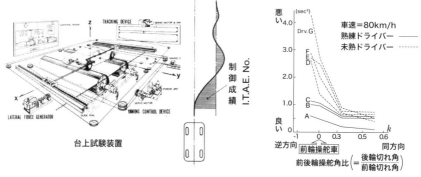

図14　4WS車の台上試験結果
レーンチェンジが速やかに無駄なく行われるかを、技量の異なるドライバーについて、安全のためローラーの上で、前輪と後輪の切れる割合を変えてテストした。後輪を前輪と同方向に30%程度切ると、全てのドライバーの成績が向上する。その程度は、未熟ドライバーほど顕著である。古典的四輪操舵は成績が悪化する。

プを補うために、衝突そのものを起こさないで済むクルマをつくろう、ということになった。それには、機敏な動きで障害物を避けられるように運動性能を高めることが必要になる。

後輪はサボっている

　大きなタイヤは使えないし、ミッドシップは論外なので、突破口を求めて思い悩んだ。ある時、クルマが曲がろうとする時、後輪は何もせずに遊んでいることに気づき、もし、後輪も舵を切って仕事をさせたら、クルマはもっと機敏に進路を変えられるかもしれない、という着想を得た。当時は、ベンツの4WS車の存在など知らなかったので、後輪の舵をどう切ったらよいか理論計算をしてみた。

近代的四輪操舵

　その結果は、直感的に良さそうな前後輪を反対に切る古典的4WSは遅れを増加させ、逆に、後輪を前輪と同じ向きに切れば遅れが減少する、という解が出た。早速、台上テストを行ったところ、予測が正しいことが確認され（図14）、試作車（図15）による走行テストでも実証された。この知見に基づき、必要時には後輪が前輪に対して逆にも転舵される機構が考案され、1987年に近代的4WS乗用車が世界に先駆けて出現する。

図 15　4WS の最初の走行テスト車
設計と製作の手間を省くため、2 台の廃車の前部を
つなぎ合わせて応急的に作った走行可能な双頭の
4WS 車。ドライバーは筆者。

日本の独創技術

　我が国は、世界中のユーザーから高い評価が与えられる品質の優れた乗用車を多
数生産してきた。しかし、それらの技術の基本概念は、残念ながら、海外で発想さ
れたものがほとんどで、それらを日本的アプローチで、高品質で具現化したという
のが実情であった。その中で、この近代的4WSの原理の発見から実用化の成功は、
自動車分野で数少ない日本の純粋の独創技術として高く評価された。

3-9　応答遅れを減らすには（7）
　　　舵角応動型 4WS

同位相と逆位相

　後輪を前輪と逆向きに切る逆位相4WSは、最小回転半径を小さくして取り回し
を改善するが、高速では操舵に対する応答の遅れのため、不安定となり危険であ
る。後輪を前輪と同方向に切る同位相4WSは、逆に、高速での遅れが減少し、操
縦性と安定性は向上するが、最小回転半径が大きくなる。この両者の長所を融合さ
せる機構の開発がポイントであった。

車速応動型

　後輪の前輪に対する転舵角の割合を、速度の上昇に伴って逆位相から同位相に変
化させるプログラムで制御する車速応動型4WSのアイデアはすぐに思いついた。
しかし、そのシステムを考えると、油圧機構が必要になり、それを制御するコンピ
ューターも欠かせない。当時、クルマにコンピューターを搭載することは一般的で
はなく、販売店では扱えないし、コストもかさみ小型車には使えない。

舵角応動型

　そこで、油圧機構もコンピューターも使わず、扱い易く、低コストでつくれる方法を思案した。すぐに、操縦性・安定性が重視される高速ではハンドルは少ししか廻さないが、小回りが必要になるのは低速で、ハンドルを必ず大きく回わすという事実に気付き、ハンドルの回転角で速度の代用ができるのではないかと考えた。これが舵角応動型4WSのアイデアで、歯車とクランクだけの機構で実現可能であり、採用してくれる車種が決まった。

あわや採用取り消し

　しかし、機構が、部品の製造し易さ、組立易さ、堅牢性、音・振動の遮断性能、整備のし易さなど、量産のための厳しい要求に応えられず、開発は一年以上停滞した。課題解決のため「知恵出し大会」を何度もやってみたが名案は出ず、期限が迫り採用取り消し寸前まで追い込まれた。しかし、ぎりぎりのところで筆者に天啓が訪れ、設計し直した機構（図16）は上記要求をすべて満たし、世界初の4WS乗用車は、計画通り1987年に市販されて大ヒットした（図17）。

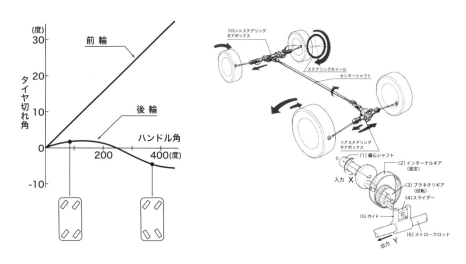

図16　舵角応動型4WSの転舵角特性と機構
実車走行試験で、同位相の後輪舵角は小さくとも十分効果があることがわかった。その結果、
逆位相の後輪舵角を大きくするためクランクを二段に組合せて使うことになった。
出典：『Data Dream Products & Technologies 1948-1998』HONDA R&D

60

3-10　近代的4WS技術の推移

普及に至らず

　低速での取り回しと高速での操縦安定性を向上させる近代的4WSの出現で、我が国の自動車メーカーの多くがそれに追従した。しかし、この技術が普及することはなかった。理由は、コスト高のため、標準装備ではなく選択をユーザーに任せざるを得ないことにあった。すると、すべての車体に4WS装備のための用意が必要となるにもかかわらず、4WS車の受注数は限られ、コストの上昇が利益を圧迫することになるからだった。しかし、後輪操舵のメリットを生かすために、開発は二つの方向に分かれて続けられた。

後輪操舵電動化

　一つは、小回り性能を維持したまま、実用化が始まった電動パワーステアリング技術を応用して後輪転舵を電動化する選択である。これで、前輪からの回転軸を電線に代えることが可能となり、コスト・重量が低減し、車体へのスペースの要求が緩和された。その後、米国で部品メーカーが後輪の電動操舵ユニットの供給を始め、大型SUV車に装備されてオプションとして市販された。しかし、値段の高さから受注数が少なく、2005年に生産が打ち切られた。

操縦安定性重視

　他の一つは、高速での操縦安定性を重視し、小回り性能の向上をあきらめて、後輪舵角を1度以下にとどめて装置を小型化し、コスト上昇と車体への影響を最小限に抑える選択であった。この方向では、その後、油圧だったアクチュエーターが電

動へ移行し、後輪舵角が少し増やされるという進化が見られた。

アクティブ統合制御

　さらに、前輪に電動パワーステアリングが採用されるようになって、電動化された後輪との電子制御による協調が可能となり、走行条件・操舵条件を加味した四輪アクティブ制御の適用で、操縦安定性はさらに向上してきた（図18）。スペースに余裕がある大型車では後輪の転舵角が増やされ、一度は二つに分かれた進化の経路が中間で一つに収斂する様相を呈している。しかし、コストと重量の増加や必要スペースが障害となって、装備は一部の高性能車・大型車に限られており、残念ながら、対象車種の拡大は多くを期待できなかった。

図18　アクティブ制御4WS

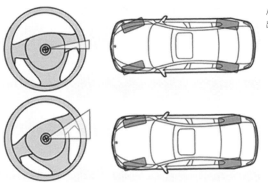

ハンドルの敏感さ制御と後輪舵角制御
出典：BMW

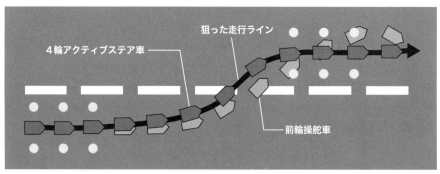

アクティブ制御4WSの効果
出典：日産

3-11　後輪操舵方式

馬車のDNA

　歴史上、後輪操舵車は極めて少ない。馬車では、馬が前車軸の向きを変えて進路変更をしていたので、前輪には転舵が容易な小径車輪が使われ、大きな後輪が積荷を支えていた。自動車が誕生した時、この前輪操舵方式で不都合がないため、そのまま踏襲されたものと考えられる。

ワンマン蒸気自動車

　歴史に記録が残る後輪操舵車は、ボイラーを前に置いた蒸気自動車である。ドライバー一人でボイラーの操作と前方注視をしようとすると、ボイラーを前に置かざるを得ず、ボイラーの重さを支えながら、駆動力が伝達される前輪の向きを変えることが技術的に難しかったため、後輪操舵方式が採用された。

フォークリフト

　荷物の積み下ろしに活躍するフォークリフトは後輪操舵車である。これは、前で重く大きい荷物を扱うので前車輪の支える荷重が大きくなることと、地面すれすれから高いところまで届くリフト機構を備え付なければならないため、できるだけ前に置きたい前車輪の向きを変える設計が難しく、後輪操舵方式が採用されている。

致命的欠陥

　しかし、後輪操舵方式には致命的な欠陥がある。歴史的な蒸気車やフォークリフトでそれが問題にならないのは、両者とも使用条件が低速走行に限られているからである。自動車の走行速度は目覚ましく上昇したが、前輪操舵方式を採用していたため、この問題は気付かれなかった。1930年代後半にドイツで四輪操舵乗用車が開発された際、この欠陥で事故が発生したが、原因の究明はされなかった。

応答遅れの増大

　クルマは常にカーブの接線に沿った姿勢で旋回するのではなく、低速ではカーブの外を向き、高速ではカーブの内側を向いて旋回する。その理由は、速度の上昇とともに旋回に必要なコーナリングフォースが大きくなり、タイヤの横すべり角を大きくしなければならないからである。後輪操舵にすると、同一の横すべり角をつく

るために、さらに大きな内向きの姿勢が必要となる（図19）。そのため、方向変更の際、ハンドル操作後の姿勢変化に時間が掛かり、運動の遅れが増大して高速走行を危険にする。

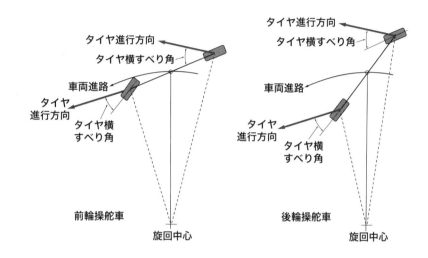

図19　前輪操舵車と後輪操舵車の高速旋回時の姿勢
後輪操舵車は、同一横すべり角（＝コーナリングフォース）をつくるためには、大きく旋回内側を向かなければならず、高速では速やかな進路変更ができない。図はわかり易くするため誇張している。

第 4 章
アンダーステアー・オーバーステアー

4-1　なぜ「アンダーステアー」と言うのか？

定常円旋回

　ハンドルをある角度に固定し、一定速で走るとクルマは真円を描く。これを「定常円旋回」と言う。人は、日頃の経験から、ハンドル角を決めれば旋回半径が決まる、と思うかもしれない。しかし、そう簡単ではない。同じハンドル角でも、車速が異なれば旋回半径が変わる。その変化の傾向は、そのクルマのステアー特性（アンダーステアー・オーバーステアー）によって支配されている。

ステアー特性の確認

　ハンドル角が同一の旋回でも、旋回速度が上昇すると、クルマがアンダーステアーなら旋回半径は増加し、オーバーステアーなら減少する（図1）。その変化の程度は、どちらのステアー特性でも、特性が強いほど著しくなる。これを、自動車会社は、実際のクルマのステアー特性の確認に利用している。ただし、半径の変化を計測するのは面倒なので、同一半径の円周上を、異なる速度で旋回して、その際のハンドル角の変化を読み取って、代用している（図2）。

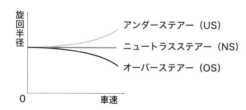

ハンドル角一定

図1　定常円旋回での旋回半径
実際は、旋回半径の変化を正確に計測することは非常に難しい。

図2　ステアー特性の確認
テストコースには、「スキッドパッド」と呼ばれる円旋回コースがある。ステアー特性の確認には、通常30mの半径が使われる。

旋回半径一定

ハンドル角は計測が容易で、ドライバーが読み取ることが可能。

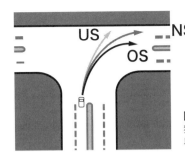

図3　アンダーステアー・オーバーステアーの語源
狙ったハンドル角のままで加速すると、ニュートラルステアー（NS）
以外では、舵角が不足したり（US）、多すぎたり（OS）する。

旋回加速

　運転経験が長く、注意深いドライバーなら、クルマのこの性質に気付くかもしれない。例えば、Ｔ字の交差点で信号待ちをし、青になって加速しながら右折する場合である（図3）。右折後のレーンを狙ってハンドル角を決めて加速すると、アンダーステアーが強ければ、速度の上昇とともに軌跡が膨らんでしまうので、ハンドル角の追加が必要になる。オーバーステアーが強ければ、軌跡は巻き込むので、ハンドルを戻さなければならなくなる。修正が不要なのは、ニュートラルステアーのクルマだけである。

アンダーステアー・オーバーステアーの語源

　ここで読者は、アンダーステアー・オーバーステアーの語源が、上述のクルマの性質から生まれたものであることに気付くと思う。ハンドル角を追加しなければならない状態は、不足した（アンダー）操舵（ステアー）であり、ハンドルを戻さなければならない状態は、過剰な（オーバー）操舵（ステアー）というわけである。

4-2　旋回半径が変化する

定常旋回の条件

　舵角一定でも車速の変化で旋回半径が変化するメカニズムを理解するには、準備が必要である。

　まず、クルマが、定常旋回を続けるための条件を確認する。第一の条件は、速度の二乗に比例し、半径に反比例する求心力が必要なことである。第二は、クルマが

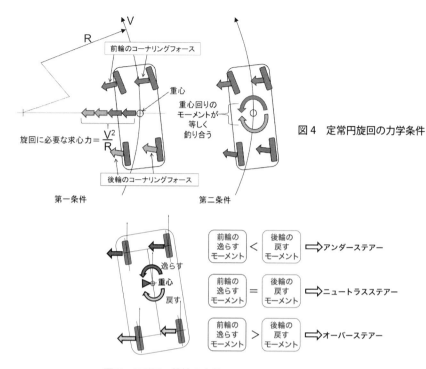

図4　定常円旋回の力学条件

前輪のコーナリングフォース

重心

重心回りの
モーメントが
等しく
釣り合う

旋回に必要な求心力 = $\dfrac{V^2}{R}$

後輪のコーナリングフォース

第一条件　　　　　　第二条件

逸らす

重心

戻す

前輪の逸らすモーメント	<	後輪の戻すモーメント	⇒ アンダーステアー
前輪の逸らすモーメント	=	後輪の戻すモーメント	⇒ ニュートラスステアー
前輪の逸らすモーメント	>	後輪の戻すモーメント	⇒ オーバーステアー

図5　ステアー特性の定義
向きがずれて前後輪に等しい横すべり角が発生した場合。

安定した姿勢を維持するために、求心力の基となるタイヤのコーナリングフォースがつくる重心回りの回転力が、前輪と後輪で釣り合うことである（図4）。

ステアー特性の定義

　次に、ステアー特性の定義を確認する。直進中にクルマの向きがわずかに変わって、前輪と後輪のタイヤに同一の横すべり角が発生した場合に、後輪タイヤのコーナリングフォースによる重心回りの回転力が、前輪の回転力よりも大きく、横すべり角を減らして、クルマを直進に戻す特性がアンダーステアーである。逆に、前輪タイヤの回転力が勝っている特性がオーバーステアーである（図5）。準備ができたところで思考実験をしよう。

思考実験

　定常円旋回で速度を高めたと考える。すると、その半径を維持するための求心力

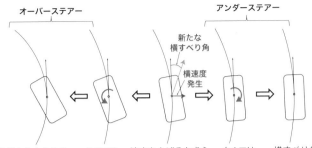

オーバーステアー　　　　　　　　　　　　　　アンダーステアー

新たな
横すべり角

横速度
発生

| 横すべり角が大きくなるので求心力が増えて旋回半径は小さくなり、大きくなった必要な求心力と釣り合って定常走行に移る。 | クルマは内を向く | 速度を上げると求心力が不足して外にすべり出して前後輪に等しい新たな横すべり角が発生する。 | クルマは外を向く | 横すべり角が小さくなるので求心力が減って旋回半径は大きくなり、小さくなった必要な求心力と釣り合って定常走行に移る。 |

図6　定常円旋回の思考実験

が不足し、クルマは法線方向にすべり出し、前輪と後輪に等しい新たな横すべり角が発生する（図6）。その結果、前後輪に新たに発生するコーナリングフォースで、後輪による回転力が、前輪より大きいアンダーステアーのクルマでは、クルマは向きを円の外へ変える。すると、横すべり角が減って、コーナリングフォースが減るので、旋回半径は大きくなる。その結果、必要とする求心力も小さくなり、新たな釣り合い状態に移ることになる。

ニュートラルステアーでは

　オーバーステアーでは速度を上げてすべり出すと、クルマは内側を向いて横すべり角が増える。すると、コーナリングフォースが増加して旋回半径が減少し、必要な求心力とつくり出す求心力が釣り合ったところで定常旋回に移る。

　ニュートラルステアーは両ステアー特性の境界であり、オーバーステアーが極限まで弱くなったと考えれば、半径は変化しないことになる。

4-3　ステアー特性を変える（1）
ロールステアー

ステアー特性の調整

　ステアー特性は、重心回りの回転力の指標である、前後輪タイヤの[コーナリン

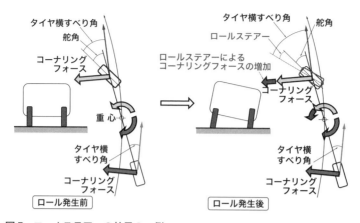

図7　ロールステアーの効果の一例
ロールステアーの効果で前輪側の重心回りの回転力が増加して、アンダーステアーが
弱まる。クルマの姿勢は、半径がより小さい定常旋回でバランスする。

グパワー（＝横すべり角1°で発生するコーナリングフォース）]×[重心までの距離]
の大小で定義される、と説明してきた。この定義によれば、同じタイヤを付けてい
ても、クルマのデザインが異なれば重心位置が変わるのでステアー特性も異なる筈
である。しかし、クルマは、同程度のアンダーステアーに設定されている。それ
は、ステアー特性が幾つかの方法で調整できるからである。

コーナリング時のロール

　クルマが曲がる際には車体が外側に傾く。これを「ロール」という。ロールする
と、旋回外側の車輪のバネが縮んで、車輪が車体に対して上に動き、内側の車輪の
バネは伸びて、車体に対して下に動く。この車輪の動き利用して、ステアー特性を
変化させる方法がある。その方法の一つを紹介しよう。

ロールステアー

　ハンドルを回して前輪の向きを変えることを「ステアー」という。車輪が、ハン
ドルの動きとは別に、ロールに伴う上下動で向きを変えることを「ロールステア
ー」と呼ぶ。このロールステアーを使って、例えば、強過ぎるアンダーステアーを
弱める調整方法を説明しよう。そのためには、前輪が車体に対して上に動くにつれ
て、車輪が車体内側に向き、下に動くにつれて車体外側を向くように、サスペンシ
ョンを設計すればよい。

見かけのコーナリングパワー

　その効果を、二段階にわけて説明しよう。ハンドルが回されて、前後輪に横すべり角が発生し、コーナリングフォースがつくられて旋回に入る（図7左）。そしてロールが起こると、設定されたロールステアーの角度だけ前輪の横すべり角が増える（図7右）。その結果、前輪のコーナリングフォースが増加するので、見かけ上、前輪タイヤのコーナリングパワーが大きくなったような効果が生じ、アンダーステアーが弱まる方向に変化することになる。

4-4　ステアー特性を変える（2）
　　　サイドフォースステアー

バンプステアー

　車輪が、路上の突起に遭遇して、バネが縮んで車体に対して上に動くことを「バンプ」と言い、それで車輪の向きが変わることを「バンプステアー」と呼んでいる。本章4-3で紹介したロールステアーの手法は、サスペンションにバンプステアーの特性を組み込んで設計することである。しかし、このバンプステアーには弊害がある。

直進安定感

　平坦でない路面を直進走行中に、バンプステアーがあると、例えば、右の車輪だけが突起に乗り上げると横すべり角が発生してコーナリングフォースがつくられ、クルマの進路を変えようとする。次に左の車輪が突起に遭遇すると、今度は、逆方向のコーナリングフォースが発生する。一般に、バンプステアーでの角度変化はわずかなので、コーナリングフォースは大きくはないが、このような絶え間ない左右への揺さぶりがクルマの直進安定感を損なう。

サイドフォースステアー

　1950年代頃までは、この弊害を解消する手段がなかった。しかし、サスペンションアームやリンクの軸受に金属の代わりにゴムが使われるようになり、コーナリングフォースによって、ゴムの弾力性を利用して車輪の向きを変える手法が開発された。これは、サイドフォース（＝コーナリングフォース）によって車輪が転舵されるところから、「サイドフォースステアー」と呼ばれる。この手法の出現で、ロ

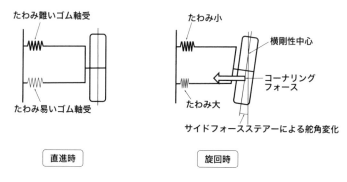

図8　アンダーステアーを軽減するための後輪のサイドフォースステアー
後輪に、コーナリングフォースとは逆向きに転舵されるサイドフォースステアー特性を与えると、旋回時の
横すべり角が減り、後輪のコーナリングパワーが減ったことと同等な効果でアンダーステアーが軽減される。

ールステアーは過去の遺物となった。

コンプライアンスステアー

　ゴム製軸受の弾力性で前輪の舵角が戻されると進路変更に応答遅れが起こる。これをコンプライアンスステアーと呼ぶことは既に書いた（第3章3-5）。これを積極的に使うのがサイドフォースステアーである。この手法を使えば、バンプステアーは不要なので、直進中は、平坦でない路面でもコーナリングフォースは発生せず、直進安定感が損なわれることはない。調整法は、例えば、アンダーステアーの特性を弱めたければ、後輪のサイドフォースステアーの特性をコーナリングフォースの逆方向に転舵されるようにサスペンションを設計すればよい（図8）。

4-5　ステアー特性を変える（3）
　　　 バンプステアーでの大失敗

ドライバーの乗車拒否

　ホンダがF-1レースに初挑戦した1964年と改良型が優勝した翌年は、筆者は車体の設計を担当したが、66年のF-1（図9）ではサスペンションの設計を担当させてもらった。クルマをレースに送り出したあと、現地から、「こんなひどいクルマで

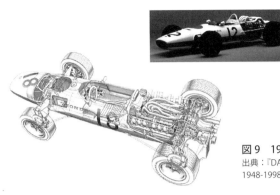

図9　1966 年のホンダ F-1　RA273
出典：『DATA DREAM　Products & Technologies
1948-1998』HONDA R&D

はレースはできない」と言ってドライバーが乗車拒否をしている、との連絡が入った。筆者には思い当たることがあった。

製作部門が完全な徹夜

鈴鹿テストの結果で前輪サスペンションの設計変更をしたが、ステアリングには手を付けなかった。両者は一体不可分なので、一方だけをいじれば、必ずバンプステアーが発生する。しかし、時間的制約と少しぐらいのバンプステアーは問題ないだろうとの安易な考えからクルマを発送してしまった。しかし、放っておけないので全面的に再設計して、多数の部品を徹夜で再製作してもらい、翌日の航空便に間に合わせた。

上司の足を引っ張る

部品を組み替え、ドライバーを説得して運転させたものの、レースはリタイアに終わった。この一件で、クルマに同行していた上司とドライバーとの信頼関係が失われ、次の米国のレースには、筆者がクルマに同行するという意外な展開になってしまった。

部品を入手するため、ロスアンゼルス郊外の工場を訪れた時、レース車もつくっていたので、秘密だと言われるのを覚悟で、許容できるバンプステアーの限度を尋ねてみた。

トーイン変化は 1/32 インチ以内

すると、予想外の「1/32 インチ」という答えが返ってきた。「どうやって測って

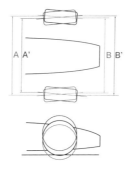

トーイン＝A−B　（車輪最低位置）
　　　　＝A'−B'（最高位置）

図10　1トーインの定義とトーイン変化の許容値
トーインの変化量がすべての車輪位置で0.8mm以内であるためには、車輪の外径を680mmとすると、車輪の向きの角度変化は1/30度（2分）以内であることが要求される。

か」と訊くと、「車輪が一番下から一番上まで動く間のトーイン（図10）の変化量だ」との説明だった。1/32インチは0.8ミリであり、バンプステアーは片輪なので0.4ミリ以内で、事実上あってはいけないということに等しかった。私が送り出したクルマは、一桁ぐらい多かった。これではドライバーが苦情を言うのはもっともだ、と納得し、多くの作業者に迷惑を掛け、ドライバーに不信の念を抱かせ、上司の足を引っ張ってしまった無知を反省させられた。

4-6　ステアー特性を変える（4）
スタビライザー

サスペンションのバネ定数

　クルマは4本脚だが、椅子やテーブルと異なりバネが付いているので、ガタつくことはない。しかし、このバネがステアー特性に影響を与える。クルマのバネは、走行中もできるだけ車体が水平を保つように、支える最大重量に比例したバネ定数（縮み難さ）となっている。乗用車では、後席の乗員やトランクの荷物の重量を考慮して、後輪のバネ定数を前輪より高く設定するのが普通である。

荷重移動

　カーブでは車体は外に傾きロールするが、それを阻止するのがサスペンションのバネである。外側のバネは縮んで反力を増加して車体の傾きを止めようとし、内側のバネは伸びるので反力は減少する。この現象は、あたかも、内側から外側へ車体の重量が移動するように見えるので「荷重移動」と呼ばれる。クルマ全体の荷重移動量は[車速]^2/[カーブの半径]で決まる求心力に比例する。

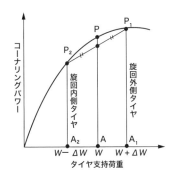

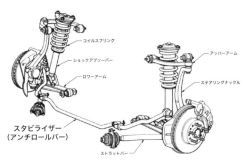

図11　荷重移動がコーナリングパワーに及ぼす影響

タイヤのコーナリングパワーは荷重に対して上に凸の曲線を描くので、荷重移動（ΔW）があれば、左右のタイヤのコーナリングパワーの合計（P₁A₁+P₂A₂）が、荷重移動がない場合（PA×2）より小さくなり、結果として、発生するコーナリングフォースが減少する。

出典：安部正人『自動車の運動と制御』第2版 東京電機大学出版局

図12　乗用車の前輪に取り付けられたスタビライザー

クルマはお神輿かつぎ

　ここで、ステアー特性上問題となるのが、前輪と後輪の荷重移動量の分担である。荷重移動量が多いほど、タイヤの特性から、左右合計のコーナリングフォースは減少し（図11）、ステアー特性を変化させる。この分担割合は、しっかりかつごうとする人に負担がかかるお神輿と同じで、バネ定数に比例して大きくなる。乗用車では、普通、バネ定数の高い後輪の荷重移動量が大きくなり、そのままでは、コーナリングで後輪タイヤの性能が低下し、オーバーステアー傾向になってしまう。

アンチロールバーの登場

　これを解決する救世主は、すでに第3章3-4で登場したアンチロールバーである。アンチロールバーは、車輪の上下動が左右で等しければ何の働きもしないが、ロール時には、バネに加勢してバネ定数を高める。乗用車では、これを前輪に取り付ければ、後輪の荷重移動量の分担を減らし、オーバーステアー化を回避できる（図12）。ロール角を減らすアンチロールバーは、ステアー特性を安定化させることもできるので、この面から「スタビライザー」とも呼ばれている。

図13　スタビライザーの変り種
いずれもタイヤの動きがリンクでレバーに伝えられている。

4-7　ステアー特性を変える（5）
　　　　スタビライザーの変り種

スタビライザーの変り種

　教育効果が認められて世界に広まった学生フォーミュラ競技では、レースコースの幅が狭く屈曲が激しいため、小型化と軽量化が極めて重要なので、さまざまな工夫が凝らされている。ステアー特性はタイムに大きな影響を与えるが、初期の頃はスタビライザーを使用しないクルマが多かった。しかし、現在では大部分が採用しており、捩じり棒バネを使うものも多いが、新しい機構が現れている。短いパイプを捩じって使うもの（図13a）、肉厚の短冊を捩じるもの（図13b）などの変り種が見られる。

リバースステアー

　クルマは、カーブの通過速度を高めていけば、最後は曲がりきれなくなるが、それまではアンダーステアーを維持するのが普通である。しかし、サスペンションの設計が未熟だった昔、カーブで速度を高めていくと、アンダーステアーからオーバーステアーに特性が変化するクルマが設計されたことがある。このように変化するステアー特性は「リバースステアー」と呼ばれる。

ジャッキアップ

　このようなクルマでは、後輪のサスペンション機構の幾何学的な条件が原因で、支持荷重が増加してコーナリングフォースが或る値に達すると車体が持ち上げられ

る（図14）。これを「ジャッキアップ」と呼ぶ。すると、車輪のキャンバー角が大きくなり、コーナリングパワーが減少することでオーバーステアーになり、リバースステアーが発生する。

コンペンセーター

このようなクルマでジャッキアップの発生を遅らせて、リバースステアーを解消するため、後輪の荷重移動配分を減少させる工夫が行われた。これは、スタビライザーとは逆に、旋回時にバネ定数を低下させる機構で、「コンペンセーター」と呼ばれ、タイヤの性能を維持したい後輪に組み込む（図15）。この機構はアンチロールバーとは逆に、カーブでロールが大きくなるので、"アンチ・アンチロールバー"とも言うことができる。しかし、これは技術史上の遺物で、現在では使われることはない。

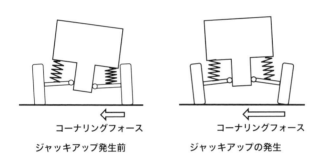

コーナリングフォース   コーナリングフォース

ジャッキアップ発生前   ジャッキアップの発生

図14　ジャッキアップ現象
このようなサスペンションではコーナリングフォースが大きくなると、車体が持ち上げられる。

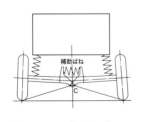
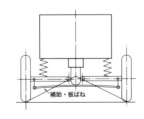

図15　コンペンセーター
直進時には補助バネ（コンペンセーター）が主バネとともに働くが、旋回時のロールに対しては主バネのみ働くので、バネ定数は低くなる。補助バネを組み込むためには、主バネのバネ定数を補助バネの分だけ小さくする必要がある。
出典：小口泰平監修『自動車工学全書11　ステアリング・サスペンション』山海堂

4-8　ステアー特性を変える（6）
　　　調整式スタビライザー（1）

荷物を減らしたい

　1960年代に、初めてF1レースに挑戦した当時は、サスペンションのバネはどの位の強さがよいのかわからなかった。そこで、ドライバーに選ばせるため、バネ定数の異なるバネを幾つもの大きな部品箱に入れて、すべてのレースコースに持っていっていた。

　バネ定数を変えると、ステアー特性も変わるので、それを調整するために、太さの異なるスタビライザーも多数用意しなければならなかった。しかし、長いコの字形の丸棒の束は、重いうえに持ち運びし難く、数を減らせないものかと考えた。

調節式スタビライザー

　後輪については、車輪の動きをスタビライザーに伝える金具を、腕に沿ってスライドできるようにした（図16）。弱くしたいときは金具を腕の先端の方に、強くしたい時には腕の付け根の方に締め付けることで、強さを調節することができる。しかし、調節できる範囲が限られるので一本だけではカバーできなかったが、本数はかなり減らすことはできた。

　前輪も金具をスライドさせて調節する方法を考えたが、これはやや複雑になった（図17）。

図16　1965年のホンダF1後輪の調節式スタビライザー
出典：CAR GRAPHIC『Honda F1 1964-1968』　二玄社

78

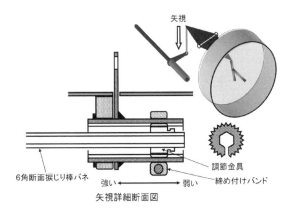

図 17　1965 年のホンダ F1 前輪
の調節式スタビライザー
調節金具を特殊工具で左右に動かして
バンドで締めて固定する。

6角断面振じり棒バネ
調節金具
強い ← → 弱い
締め付けバンド
矢視詳細断面図

矢視

走行中のステアー特性変化

　当時のF1は、燃料タンクの容量が大きく、満タンと空の状態での、前輪と後輪
が支持する重量の比率がかなり変化した。そのため、燃料消費とともに、ステアー
特性も変化することになる。上記の調節式スタビライザーでは、走行中には調節で
きないので、走行中でもドライバーが簡単にステアー特性を調整できるスタビライ
ザーがあればよいが、と思っているうちにレース活動が中止になった。

やられた！

　数年後、ある自動車雑誌に、先進的なF1チームが、走行中にドライバーが調整
できるスタビライザーを採用した、と構造図（図18）が載った。筆者はこれを目に
して、「やられた！」と思った。それは、発想の転換が必要な構造だったからであ
った。筆者が考えても、従来の原理に囚われて、このような構造を思いついたかど
うか自信はない。「敵ながらあっぱれ」と脱帽した。

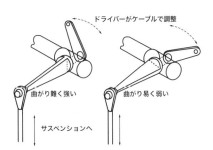

ドライバーがケーブルで調整
曲がり難く強い　　曲がり易く弱い
サスペンションへ

図 18　走行中にドライバーが調節できる
スタビライザーの一例
棒ではなく、腕の曲がり易さを連続的に変えるこ
とができるすぐれた発想。

気圧、液圧サスペンション

　荷重移動量を増やすには、旋回時に外側のサスペンションのバネを強くすればよいのだから、コの字型の捩じり棒バネを使う以外の方法もある。サスペンションに空気ばねを使って、旋回時に、外側の空気ばねの圧力を高めれば、スタビライザーの効果を出すことができる。しかし、気体では迅速な応答は期待できない。油圧サスペンションにすれば、応答は速くなるが、どちらも、機構が複雑で高価になるから採用されず、普及していない。

ハーモニックドライブ

　コの字型の捩じり棒バネは、コンパクトでシンプルなので、これを調整式にできれば好都合である。そのためには、直線部の中央で切断して、捩じることができればよい。捩じる角度を変えれば、サスペンションのバネの力が変化する。しかし、そのためには非常に大きな回転力が必要になるので、実現が困難だった。しかし、コンパクトで大きな減速が得られる機構、「ハーモニックドライブ」でそれが容易になった（図19）。これは、回転数を一気に数百分の一に落とすことができる歯車式の減速装置で、わずかな角度回転させればよい場合は、小さなモーターでも極め

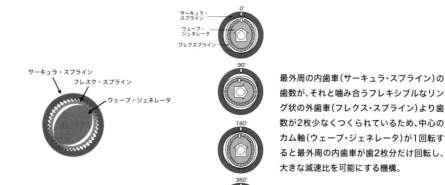

最外周の内歯車（サーキュラ・スプライン）の歯数が、それと噛み合うフレキシブルなリング状の外歯車（フレクス・スプライン）より歯数が2枚少なくつくられているため、中心のカム軸（ウェーブ・ジェネレータ）が1回転すると最外周の内歯車が歯2枚分だけ回転し、大きな減速比を可能にする機構。

図19　ハーモニックドライブと作動原理

て大きな回転力と、迅速な応答が得られる。

乗り心地の改善

　スタビライザーは、ロール角を減らすことができるので、アンチロールバーと呼ばれることは既に紹介した。激しい運動をするスポーツカーや柔らかいバネの高級車では、ロール角が大きくなるのを防ぐために、強力なスタビライザーを採用するのが普通である。しかし、凹凸のある路面では、左右の車輪の動きが同調しないので、乗り心地が悪くなる。アクティブスタビライザーと呼ばれる電動調整式では、旋回時のみスタビライザーを強化し、直進時にはスタビライザーが力を出さないようにモーターを制御することが可能となり、乗り心地を犠牲にせずに、ロール角を減らすことができた。

4-10　ステアー特性を変える（8）
　　　 空気力

乗用車は翼

　走行中の乗用車の気流を観察しよう。車体は、床が平らで車室が凸型になっているので、車室の上を流れる気流は遠回りするので、速度は床下より速くなる。圧力は流速が高い方が低くなるので、床面と車室上面との圧力差で上向きの力が発生する。この圧力差を効率よくつくり出すのが航空機の翼である。乗用車の気流のパターンは翼と同じなので、揚力の発生は避けられない。

揚力の影響

　クルマに揚力が発生すると、その分、タイヤの接地力が低下するので、利用できる摩擦力も減って、運動能力が低下する。これは、あたかも摩擦係数が低下した路面を走行することと同じで、安全な走行を脅かし、好ましいことではない。この場合、揚力の中心の前後位置がステアー特性に影響を与える。揚力の中心が前方にあれば前輪タイヤの性能低下が大きいのでアンダーステアー傾向に、後方ならオーバーステアー傾向になる。

スポイラー

　幸い、空気力は高速でなければ大きくならないので、普通の乗用車では深刻な問

題にはならない（図20a）。しかし、高性能スポーツカーでは、高速走行時の安全のために、後部に「スポイラー」（図20b）などの空力デバイスを取り付けて、車室の上側の流線をなだらかにし、流速が高まるのを抑えて後輪の接地力低下を防ぐ対策が行われる。

ウイング

逆に、空気力をタイヤ性能の向上に利用しているのがF-1やインディーレースのクルマである（図20c）。大きなウイングを前後に装着することで、図20aに示すような、極めて大きな空気力を下向きに発生させて、大きな摩擦力をつくり出している。ウイングの空気力は、取り付け角度や反りで調整されるが、力が大きいだけに前後の空気力のバランスに細心の注意が払われる。前輪の空気力を大きくすればオーバーステアー方向へ、後輪側を強くすればアンダーステアー方向へ、とステアー特性を調整できる。

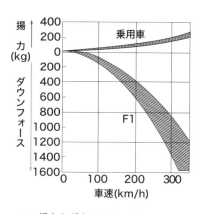

a　揚力とダウンフォース

b　スポイラーの一例

c　前後に大きなウィングを付けた F-1

図20　空気力に及ぼす走行速度の影響

4-11　カーブでのオーバースピード

カーブ通過の条件

　第2章2-3で、「自動車がカーブを通過するためには、カーブの中心に向かう求心力が必要である。このための"コーナリングフォース"は、タイヤの摩擦力を基にしてつくられる。この場合、最大コーナリングフォースが、要求される求心力を上回っていなければ、カーブを通過することはできない」と書いた。この条件が破られると、クルマの重心点はカーブの外側へはらみだす。しかし、条件はこの一つだけではない。

第二の条件

　第二の条件は、前後のタイヤがつくるコーナリングフォースが、重心を支点とするシーソーのように、バランスしていなければならないという条件である。カーブへの進入速度を高めていくと、前輪か後輪か、どちらかのタイヤが先に摩擦力の限界に達するのが普通である。すると第一の条件が破られるが、同時に、第二の条件も満たされなくなり、クルマは安定した姿勢を維持することができなくなる（図21）。この際のクルマの挙動は、どちらが先に限界に達するかで大きく異なる。

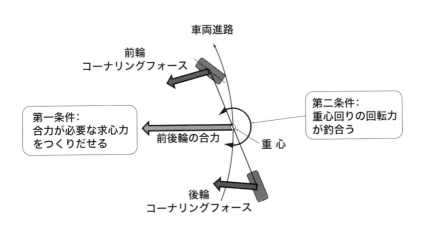

図21　安全な旋回の条件

スピンとプラウ

　後輪タイヤが先に限界に到達すると、クルマの後部がカーブの外側に振れ出し、クルマはカーブの内側を向く（図22）。この回転運動は急激なため、あっと言う間にクルマは後ろを向いてしまう。この現象を「スピン」と呼んでいる。一方、前輪タイヤが先に限界に到達すると、クルマはカーブの外側を向き始める。ハンドルを切り増しても、タイヤが限界に達しているので、クルマの向きは戻らない。その結果、クルマはカーブの外に接線状に飛び出すことになる（図23）。この現象は「プラウ」と呼ばれる。

ドリフト

　もし、前後輪のタイヤが同時に限界に到達すると、第二の条件は維持されるが、第一の条件が満たされなくなる。その結果、クルマはカーブに沿った姿勢を維持したまま、旋回半径が次第に大きくなる螺旋状の軌跡を描いて進路を外れていく。この挙動は「ドリフト」と呼ばれ、前後のタイヤの性能のバランスが理想的に調整されたレーシングカーでのみ発生する。

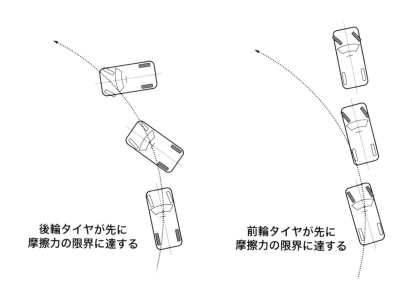

**後輪タイヤが先に
摩擦力の限界に達する**

**前輪タイヤが先に
摩擦力の限界に達する**

図22　スピン
回転運動は速く、逆ハンドルでも止められない。

図23　プラウ
ハンドルを切り増しても効果は無い。

4-12　カーブでの減速・加速

摩擦円

　タイヤの摩擦力は、左右、前後、どちらの方向でも最大値は摩擦の限界で等しい。タイヤ接地面の中心から最大値までの長さをとると、その軌跡は「摩擦円」と呼ぶ円を描く。タイヤは摩擦円を超える力はつくることはできない。カーブでは、タイヤは横向きに最大の摩擦力をつくれる（図24a）。直進時のブレーキングでは、タイヤは後ろ向きに最大の摩擦力をつくることができる（図24b）。

タイヤは二つの仕事が苦手

　しかし、タイヤは、横に最大、後ろにも最大の力を同時につくることはできない。二つの最大の力を一つの力に合成すると、その長さはそれぞれの1.4倍となり、摩擦円を超えてしまう（図25a）。これは不可能である。合成した力が摩擦円に届く大きさの力までしかつくれず、そのため、それぞれの力は摩擦円までの最大値の約70%に減少してしまう（図25b）。タイヤは人間と同じで、二つの仕事を同時にこなすことは苦手なのである。

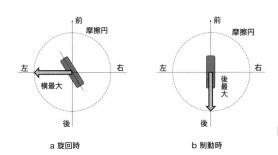

図24　タイヤの摩擦円と最大摩擦力

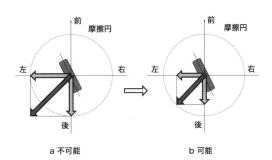

図25　タイヤに二つの仕事を同時にやらせる

摩擦円の拡大・縮小

　摩擦円の半径は、[路面の摩擦係数]×[タイヤに加わる荷重]で決まるから、すべり易い路面では小さくなる。ブレーキを踏むと、短い時間ではあるが、クルマは前のめりになって、後輪は浮き気味になるので、支持する荷重が減って摩擦円は縮小する。カーブでブレーキを掛けると、後輪の縮小した摩擦円で、ブレーキ力もつくらせるという二つの仕事を同時にやらせることになり、コーナリングフォースが減少してスピンを起し易くなる。

アクセルを踏むと

　加速のためアクセルを踏むと、普通の乗用車では、エンジンがレース車のように強力ではないので、タイヤの支持荷重で変化する摩擦円の半径はブレーキ時ほど大きくは変わらないが、タイヤに二つの仕事を同時にやらせることが問題になる。旋回中に急加速すると、前輪駆動車では、それが前輪で起こるので、前輪のコーナリングフォースが減って、クルマはカーブの外に向きを変えるプラウを起し易くなる。後輪駆動車でそれが起これば、後輪のコーナリングフォースが減ってスピンを起し易くなる。

4-13　コーナリングのテクニック

コントロールされたスピン

　後輪駆動車で、旋回中にアクセルペダルを激しく踏み増すと、後輪のコーナリングフォースが減少して後部が外側にすべり出し、スピンに陥ることは説明した。レースでは、この挙動がコーナーを速く通過するためのテクニックとして積極的に利用されている。アクセルの踏み加減で後部のすべりを制御することで、ハンドル操作だけよりも楽に、素早くクルマをコーナーの出口に向けることができる（図26）。

後輪駆動車は四輪操舵

　後輪駆動車は、前輪のコーナリングフォースをハンドルで制御し、後輪のコーナリングフォースをアクセルペダルで制御することができるので、このテクニックを使える人にとっては一種の四輪操舵車でもある。そのため、レースのためにつくられるクルマはすべて後輪駆動車である。高性能のスポーツカーもこのテクニックが

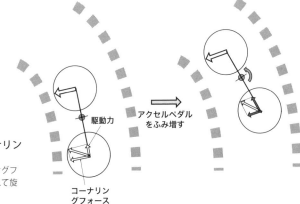

図 26　後輪駆動車のコーナリング・テクニック
駆動力が増えて後輪のコーナリングフォースが減少し、後輪が外へ流れて旋回が楽になる。

アクセルペダルをふみ増す

駆動力

コーナリングフォース

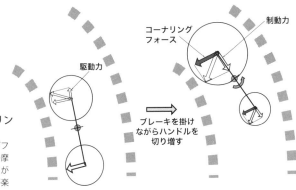

図 27　前輪駆動車のコーナリング・テクニック
前輪の摩擦円が拡大しコーナリングフォースが増大して舵が効き、後輪の摩擦円は縮小しコーナリングフォースが減少して、後輪が外へ流れて旋回が楽になる。

制動力

コーナリングフォース

駆動力

ブレーキを掛けながらハンドルを切り増す

使いやすいようにチューニングされた後輪駆動車である。

前輪駆動車のテクニック

　前輪駆動車でレースをする場合にも、やはりタイヤの摩擦円の性質を利用するテクニックが工夫されている。ここで使うのはブレーキペダルである。減速中は前輪に加わる荷重が増加してタイヤの摩擦円が拡大するので、そのタイミングを逃さずハンドルを切り増してクルマをコーナーの出口に向ける。後輪の摩擦円は縮小してスピン傾向になり、これもコーナリングを助ける（図27）。しかし、このテクニッ

クは、ブレーキのタイミングが限られるので、後輪駆動車のものより難しい。

ハンドブレーキターン

　ハンドブレーキレバーを力一杯引くと、後輪が後ろ向きに最大の力をつくるので、コーナリングフォースがまったくつくれなくなる。直前にハンドルを切っておくと、前輪だけがコーナリングフォースをつくるため、クルマは重心を中心として急速に回転する。このテクニックは、Uターンができない狭い道路でもクルマの向きを180度変えることができるので、ラリー競技で道を間違えた際に正しいコースに復帰するために活用されている。

第5章
操舵機構の進化
—丸ハンドル、パワーステアリング

5-1　ターンテーブル・メカニズム

馬に代わる補助車輪

　馬車では、馬が梶棒を横に動かして前車軸の向きを変え、進路を変えていた。この機構では、車軸中央の回転中心と車輪との距離があり、路面の凹凸からのショックで車軸が大きく振られるので、馬を使わなくなると、進路を維持することが困難になる。そこで、重いクルマでは、馬の代りに小型補助車輪を使い、御者台から補助車輪の向きを変えることで、梶棒によって前車軸の向きを制御する工夫が行われた。

ターンテーブル・メカニズム

　歯車装置でなんとか車軸を抑えていた軽い車両もあった（図1）。この、車軸を回す方式は“ターンテーブル・メカニズム”と呼ばれる。この方式は、前輪が転舵にともない前後に大きく移動するのでそのスペースが必要になる。また、小さな半径で旋回をしようと車軸の向きを大きく傾けると、前輪の接地点が車体中心線に近付き、横転し易くなる危険もあった。車軸と一緒に懸架バネも動かすものが多く、床が高くなり、ハンドル操作の負担も大きかった。

Daimler（1898年）

Bersy（1897年）

図1　ターンテーブル・メカニズムの例
ここに示す例では、懸架バネを車軸と共に動かすので、機構は大掛かりになり、床が高くなる。
写真：著者撮影

横すべりの発生

　さらに、この方式には、左右前輪の転舵角が常に等しいという欠陥があった。旋回の際には、内側の車輪の軌跡の半径は、外側の軌跡の半径よりも小さくなる。転舵角が等しければ、必ず、どちらかの車輪に横すべりが発生して、走行抵抗が増加して旋回を妨害する。

ダブルピボット・システム

　これらの問題を解決するアッカーマンの特許が、早くも1817年には存在していた。それは前車軸の両端の車輪の近くに旋回軸（ピボット）を設け、車輪だけ向きを変える方法である。ターンテーブル・メカニズムが"シングルピボット・システム"であるのに対し、この方法は"ダブルピボット・システム"と呼ばれる。

ダブルピボットの普及

　ダブルピボットにすればば、路面からの反力は小さくなって操作は楽になり、接地点を移動させずに車輪の向きを変えられるので大きなスペースは不要で、横転に対する安全性も高まる。懸架バネが回動しないのでクルマの床を低くできる。現在では、すべてのクルマがダブルピボットを採用している。

5-2　アッカーマンの幾何学

横すべり無しの条件

　1817年にアッカーマンが、車輪だけ向きを変えるツインピボット方式の特許を取った。しかし、旋回時に横すべりが発生しないようにするには、内側の車輪が外側の車輪より大きく向きを変える必要があり、転舵につれてその差を大きくして、常に、両車輪の軌跡の半径の中心を一致させなくてはならない。

パラレルステアー

　ツインピボット方式では、左右の車輪を転舵するために、車軸側から後ろ向きに腕を出し、その左右の腕の先端をリンクでつなぐ方法が行われる。左右の腕が平行であれば車輪は平行に転舵されて、横すべりは解消しない。このような転舵特性は「パラレルステアー」と呼ばれる。

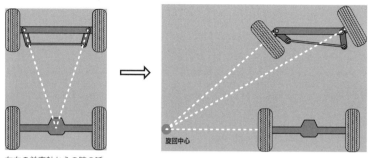

左右の前車軸からの腕の延長線が後車軸の位置で交わるようにする。

全ての旋回半径で全車輪の旋回中心が近似的に一致し、横すべりをなくすことができる。

旋回中心

図2　ジャントーの原理（アッカーマンの幾何学）

ジャントーの原理

　腕とリンクの左右の結合点が近付く台形状になれば、旋回時内側になる車輪の転舵角が外側の車輪より大きくなり、その差は転舵につれて増加する。左右の腕の延長線が、後車軸の位置で交わるようにすると、全ての旋回半径で両車輪の横すべりを近似的になくすことができる（図2）。1878年に、ジャントーによってこの原理が明らかにされた。

アッカーマンの幾何学

　現在の操舵系はジャントーの原理を基本に設計されている。ところが、気の毒なことにジャントーの名は忘れられ、「アッカーマンの幾何学」とか、「アッカーマンシステム」と呼ばれている。しかし、この原理に従わず、転舵角差が小さめの特性やパラレルステアーばかりではなく、内側より外側の転舵角が大きくなる「アンチ・アッカーマン」と呼ばれる特性が採用される特殊なケースもある。

弱アッカーマンの特性

　規格ができた当初の軽自動車は、現在より全長と全幅が小さく、大人4人の室内スペースを確保するのが大変だった。アッカーマンの幾何学に従うと、最大転舵時、前輪の後側が車室内スペースに大きく食込み、ホイールハウスの張り出しが大きくなって、アクセルペダルの置き場がなくなるので、多少の横すべりの発生には目をつぶって、内輪の転舵角がアッカーマンの幾何学より少ない弱アッカーマンの特性を採用したものもあった。

5-3 アンチ・アッカーマン

激しい旋回

　旋回時、内輪を外輪より大きく転舵する「アッカーマンの幾何学」に従えば、すべてのタイヤで横すべり角が発生せず、車庫入れのような穏やかな旋回はスムーズにできる。しかし、激しい旋回では、大きなコーナリングフォースをつくるため、四輪のタイヤに大きな横すべり角を与えるので、アッカーマンの幾何学は意味を失うのである。

アッカーマンの副作用

　激しい旋回をしない乗用車やトラックなどは、アッカーマンの幾何学に従っているが、コーナーを速やかに通過することが目的のレーシングカーの場合、アッカーマンの幾何学では、かえって副作用が生ずることがあり、それに従わない転舵特性が採用されることがある。

タイヤ性能の荷重依存性

　旋回時には外輪タイヤの支持荷重は増加し、内輪では減少し、最大のコーナリングフォースを発生する横すべり角が内外輪で異なってくる（図3）。荷重が大きくなると最大のコーナリングフォースを発生する横すべり角は大きくなるが、荷重が小さくなるとコーナリングフォースは小さな横すべり角で飽和してしまう。

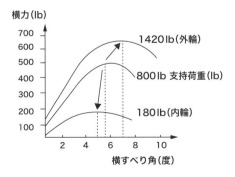

図3　激しい旋回でのタイヤの支持荷重の変動による横力性能の変化例
タイヤが最大の横力を発揮する横すべり角は、タイヤの支持荷重で変化する（横力とコーナリングフォースの関係は図4に示す）。

過剰な横すべり角

　レースでは、大きなコーナリングフォースをつくるために、荷重が大きい外輪タイヤに最大値が得られる横すべり角が与えられる。すると、アッカーマンの特性では、内輪にも同じ横すべり角が生じてしまう。内輪タイヤの横力はすでに飽和しているので、必要以上の大きな横すべり角は無意味なばかりか、タイヤを発熱させ、摩耗を促進し、耐久性にも悪影響を及ぼす。

コーナリングドラッグ

　さらに、コーナリングフォースは、横すべり角が大きくなるほど大きくなる「コーナリングドラッグ」という走行抵抗を伴う（図4）。少しでも速くコーナーを通過しようとするレーシングカーでは、わずかであっても走行抵抗の増加は避けたい。以上のような理由から、タイヤ荷重が大きく変化する場合、内外輪に最適な横すべり角を与えるために、内輪の転舵角が外輪と等しいパラレルや外輪の転舵角が内輪より大きいアンチ・アッカーマンの特性が採用される。

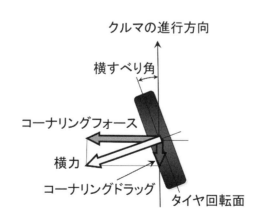

図4　コーナリングドラッグの発生
タイヤは横すべり角があると車軸の向きに横力をつくる。横力の
進行方向直角成分がコーナリングフォースになり、進行方向逆向
き成分としてコーナリングドラッグが発生する。

5-4　システム構成と初期のハンドル

操舵系

　近年、進路の制御に"横すべり防止装置"や"スーパーハンドリング4WD"のように、制動力や駆動力の左右のアンバランスで進路を変える直接ヨーモーメント制御が出現した。しかし、その役割はあくまでも補助的で、進路制御の主役は、古くから地上乗物に共通の、車輪の向きによる制御であり、その役割を果たすのが操舵系である。

四要素

　操舵系は四つの要素からなる。まず、ドライバーの意思が、腕の動きとして①入力機構であるハンドルに伝えられる。その動きが、レバーやロッドや歯車装置からなる②伝達機構によって車輪の支持構造である③転舵機構に伝えられて車輪の向きが変わる。その結果、④出力機構であるタイヤに横すべり角が発生し、コーナリングフォースがつくられて、クルマが進路を変える。

二本角

　それでは、ハンドルを手始めに、これらの構成要素の進化を調べていこう。

　自動車の歴史を見ると、初めから丸ハンドルが広く使われていたわけではない。1770年頃、史上初の自力移動機械として、世界初の自動車事故を起こしたキュニョーの蒸気三輪車では、ハンドルは動物の角のような二本の取っ手だった（図5）。

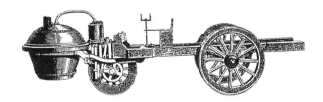

図5　キュニョーの蒸気三輪車（1769年 -1970年）

同形式のハンドル

　ヘンリー・フォードは、1904年に、自ら開発した999/アロー号を運転して、デトロイト市近くの氷結した湖面で時速91.37マイル（約147キロ）の世界記録を達成した。これは、アメリカ人による初めての速度記録であった。このクルマにもキュニョーの蒸気三輪車と同形式のハンドルが使われていた。

一本角と十文字

　カール・ベンツの妻ベルタは、1888年に、夫を助けて開発したばかりの史上初のガソリン自動車で、二人の息子を乗せ、故障を修理しながら約100キロ離れた町まで、当時最新の駅馬車に匹敵する平均速度でツーリングを敢行した。この勇気ある行動で、彼女は史上初の自動車旅行者/女性ドライバーになると同時に、誕生したばかりの自動車の将来性を世に示した。この三輪車のハンドルは一本角であった（図6）。第1号の栄誉を分かち合ったゴットリーブ・ダイムラーの四輪車では、十文字のハンドルが使われていた（図7）。

図6　ベンツのガソリン自動車第1号（1886年）
出典：“Mercedes-Benz Museum” Guidebook

図7　ダイムラーのガソリン自動車第1号（1886年）
メルセデス・ベンツ博物館の土産のプラモデル。

5-5　フォードの創業時代

脱サラ

　ヘンリー・フォードは、36歳でエジソン社での安定した出世の途を投げ捨てて自動車づくりに転じたが、商売は思惑通りには行かず資金繰りに窮した。彼は、初志を貫徹したい一心で、商売敵をレースで打ち負かすことで自分の技術力を宣伝しようと決意し、競走車を開発する。

自動車会社設立

　そのエンジンは、ライバルの40馬力に対してわずか26馬力であったが、1901年に初出場のレースで見事に優勝してしまう。その時、観衆は「一体ヘンリー・フォードとは何者だ？　あんな高性能なクルマを無名の新人がつくったのか！」と誰もが驚いたと伝えられている。その場に居合わせたデトロイトの実業家の出資を得て、フォードは念願かなって自動車会社を設立することができた。

999/アロー号

　この経験から、「自動車を売るには速いクルマをつくることだ」と確信したフォードは、ふたたび競走車をつくろうとした。しかし、彼は、市販車に専念することを強いられ、その上、出資者が利益の多くを持っていくことに腹を立てて、会社を飛び出してしまう。たまたまレースを見ていた競輪選手が、将来の自動車レースの活況を予想してドライバーに転向するため、フォードに競走車の製作を依頼してきた。この両者の思惑が一致して製作された2台が999/アロー号であった。このクルマがレースで好成績をおさめて、フォードはふたたび自動車会社を興す。

速度記録挑戦

　しかし、ここでも、大衆車を開発するべきだと考えている彼の意思に反して、出資者から、利益の大きい高価なクルマの開発を強いられた。そのB型モデルの売れ行きが芳しくなく、会社は苦境に陥ってしまう。この窮状から脱するために、フォードが「自動車を売るには速いクルマをつくることだ」という確信に基づいて決意したのが、速度記録への挑戦だった。その記録は、計測方法に難をつけられ、フランスの自動車クラブが行う世界記録としての公認は得られなかった。しかし、アメリカ全土に新聞で報道されると、B型モデルの販売が上昇に転じたばかりか、フォ

ード社の名声を高めるきっかけとなった。

5-6　起死回生の速度記録挑戦

順調な試験走行

　フォードは、デトロイト隣接のセント・クレア湖の凍結した氷上に4マイルの走行コースを準備し、1904年1月9日の土曜日にアロー号の試験走行を行った。午後2時にスタートし、1マイル区間で36秒を記録して、公認記録を破れることを確信した。その祝いに、彼は、夫人と息子とメカニック達のために、ホテルで夕食会を催した。

条件悪化の本番

　12日の火曜日、記録を公認するアメリカ自動車協会（AAA）の計時員を同伴し、フォードはアロー号を湖に持ち出したが、この日はすべてが悪くなっていた。氷には亀裂ができ、すべりやすくなって牽引力が不足し、露出している部品を凍結させる厳しい寒さだった。しかし、彼には挑戦を決行する以外の選択肢はなかった。

命運尽きたか

　フォードは、ハンドルの二本角を掴みクラッチをつないだ。排気音が高まり、排気管から真っ赤な炎がほとばしったと見るや車輪を空転させながら、アロー号は氷上を発進した。氷の亀裂でクルマが空中に飛び上がる度毎に、蛇行を抑えるため、彼は二本角と格闘した。計測区間では特大の突起に遭遇し、いよいよ命運尽きたかと観念したが、社運と名誉が懸かっているので、彼は必死で前進するしかなかった。

時速90マイル突破

　走行が非常に困難だったので、土曜日の速度より遅いことがわかっていたので、フォードは、悪夢に耐えても何も得られなかったかと失望した。しかし、計時員から「公式タイムは39.4秒、1マイル区間では時速91.37マイルで、既存の公式最高記録より速い」と伝えられて、彼は安堵した。彼は、時速90マイルを超える記録をつくった最初の人となったが、亡くなる少し前に、「あの氷上走行の恐怖は生涯忘れることができない」と語っていた。

経営権を把握

　フォードの新記録樹立のニュースは全米の新聞の一面を飾った。ニューヨーク自動車ショーの開幕を控えてのこの快挙は、会社の全資産を傾けて開発したB型を市場での成功に導いた。フォード社の名声は確立し、多くの利益によって、彼は、資金提供者たちを会社から遠ざけ、初めて実質的な経営権を手にすることができた。

5-7　丸ハンドルの起源と制覇

クルマの史上初争い

　1886年製の一本角ハンドルのベンツと十文字ハンドルのダイムラーの2台のクルマを史上最初の自動車とすることは世界的に合意されている。しかし、それ以外に、歴史の一番乗りを主張するクルマが幾つか存在し、その内の2台には丸ハンドルが使われていたことが確認できる。

ルノワールのガスエンジン車

　フランス人ルノワールは、蒸気エンジンを真似た構造で、ガスを電気火花で点火するエンジンを開発した。これは、ガスを圧縮せずに点火したため効率は極めて低かったが、小動力源としてフランスとイギリスで実用化された。1863年に、このエンジンを使った自動車がつくられて、パリと近郊の村を2往復、25キロを走行したと言われている。

　これが自動車第1号だと主張されたが、出力が小さくて実用性はなく、その主張は認められていない。このクルマは丸ハンドルであった。

マルクスのクルマ

　ウイーンの技術博物館にあるオーストリア人マルクスのクルマには、かつて「1875年につくられ、最初のドイツのガソリン車より10年早い」と表示されていた。このクルマは、操舵に丸ハンドルとウォームギヤを使っている。

　その後、1888年製造と確認され、史上初のタイトルを取り下げた。マルクスは、1875年に研究中のエンジンで無人の荷馬車を走らせたことがあり、それが混同されたようだ。

丸ハンドルの制覇

初期には、長い一本レバーのハンドルも多数存在したが、その後、丸ハンドルを採用するクルマが増え、すべてのクルマで使われるようになった。丸ハンドルは100年を超える歴史を保ち、21世紀の現在でも健在である。

丸ハンドルは優れた機構

丸ハンドルは、何回も回転することができ、どこでも握ることができて廻しやすくて手が疲れにくく、左右どちらの手でも握ることができ、一時的には片手でも操作が可能であり、片腕を休めることもできる。その上、激しい旋回や急ブレーキの際には身体の支えとすることができる。これだけのさまざまな要求に応えられる機構は、丸ハンドル以外に考えられない。これが制覇の理由であろう。

5-8　伝達機構（1）

丸ハンドルは歯車が必要

丸ハンドルは、長いレバーに較べて回転力が小さいので、そのままで車輪を動かそうとすると大きな力が必要になる。これを解決するために、歯車で減速して回転力を増やすことが行われた。前述したマルクスのクルマは、丸ハンドルにウォームギヤが組み合わされていたし、同じ丸ハンドルのルノワールのガスエンジン車にも、平歯車が使われていたことが図から読み取れる。

史上初にも歯車

じつは、すでにおなじみとなったキュニョーの蒸気三輪車（図8）には、18世紀の当時としてはかなり高度な平歯車機構が二組使われていた（図9）。このクルマの前輪は、大きなボイラーと重い二つのシリンダーの重量を支えていたために、向きを変えるには非常に大きな力を必要とした。そのため、丸ハンドルではなかったが、人の腕力だけでその力をつくり出すために歯車装置を使わざるを得なかったものと考えられる。

ステアリング・ギヤ比

機敏に進路を変える軽快なクルマには、ハンドルを大きく回さなくともすばやく

図8　キュニョーの蒸気三輪車の史上初の交通事故（1769年）
写真：英国国立自動車博物館で筆者撮影

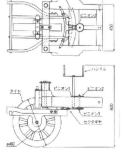

図9　キュニョーの蒸気三輪車の操舵系（復元模型）
フレームの上側と下側で二段階に減速している。
出典：『クルマを回す技術 最古のステアリングを復元』KOYO Engineering Journal No.148 (1995)、光洋精工

前輪の向きが変わる操舵系を必要とする。この場合、ハンドルの回転角と前輪の転舵角の比率が問題となる。この比率を「ステアリング・ギヤ比」と呼び、乗用車ではおよそ15から20である。言い換えれば、前輪の向きを1度変えるために、ハンドルを15度から20度回す必要があるということである。「クイックなステアリング」と呼ばれるギヤ比の小さい操舵系は、スポーティーな運転を楽しむドライバーに好まれている。

ギヤ比不適切

　事故を起こしたキュニョーの蒸気三輪車は、ステアリング・ギヤ比の選択が不適切だったと考えられる。そのギヤ比は歯数から計算すると20になる。現在の乗用車並みのこの値は問題である。その理由は何かというと、前輪が支える重量が、現在の乗用車に比較して非常に大きく、車輪の回転軸には、現在の乗用車のように摩擦を少なくするころがり軸受は使われていないからである。そのギヤ比では、運転手1人の力では思うように前輪の向きを変えられず、事故の副次的な要因になったと推定できる。

図10　バーハンドル三輪車の一例
三井精機工業製オリエント（1951年）
エンジンは単気筒 766cc で 16.5 馬力。
出典：小関和夫『国産三輪車の記憶』
三樹書房

5-9　伝達機構（2）

三輪車の操舵系

　終戦直後、我が国で大活躍したバーハンドルの三輪車（図10）は、操舵には腕力が必要で、小回りの際は、外側のハンドルは手が届かなくなるので、内側になる一方のハンドルを両手で握り、思い切り手前に引っ張らなければならなかった。当時は、未舗装の道路が多く、路面は大穴だらけだった。そこでは、ハンドルが左右に振られてクルマが蛇行するので、運転者はハンドルを取られまいと、必死に押えなければならなかった。

キックバック

　走行中に、路面の凹凸や石などの障害物に遭遇すると、前輪の向きを変えようとする衝撃的な力が発生して、伝達機構を通じてハンドルを回そうとする。これを「キックバック」と呼ぶ。これでハンドルが回転してしまうと、クルマはドライバーの意図に反してあらぬ方向へ進んでしまう。このキックバックの対策として、丸ハンドルと減速歯車の組合せは優れた効果を発揮する。

丸ハンドルの慣性

　キックバックの回転力は、減速歯車のギヤ比分だけ小さくなる。その上、丸ハンドルは、中心から離れた円環部分に重量が集中しているため慣性が大きく廻され難い。これらの効果で、キックバックの影響は大幅に縮小し、ドライバーの手に感じる衝撃はほとんど消え、ハンドルを取られることはない。三輪車にも、1950年代

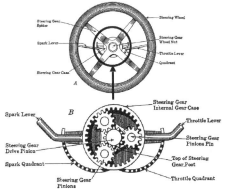

図11 T型フォードの遊星歯車式ステアリング減速機構（1908年）
出典：V.W.Page, *Model T Ford Owner's Handbook*
Floyd Clymer

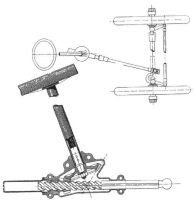

図12 ルノーのネジ式ステアリング減速機構（1906年）
出典：G.Hatry, *Tome1 1899-1905, Tome2 1906-1910* Renault

の終わりごろから、徐々に丸ハンドルが採用されるようになった。しかし、60年代の好景気で、安定性が悪く走行性能も劣る三輪車は次第に人気を失い、その地位を四輪トラックに奪われていった。

歯車方式の発展

　話を元に戻すと、減速機構にはさまざまな歯車方式が使われた。例えば、T型フォードでは、ハンドルの直ぐ後ろにコンパクトな遊星歯車装置を取り付けている（図11）。また、ルノーでは、ハンドル軸の先端にネジ歯車を使った減速装置を採用している（図12）。このクルマは、ネジの逆止め作用で、キックバックがドライバーには及ばないので、ハンドル取られが起こらず、悪路で安定した走行が可能になることを売物にしていた。その後、1910年頃から減速装置は、ウォームギヤを使った方式が一般化する。

5-10　ハンドルの手応え

タイヤの情報

　ハンドルは、安全上大切な、前輪タイヤがつくる横向きの力（コーナリングフォース）についての情報を、ドライバーに手応えとして知らせるという、極めて重要な役割も果たしている。レーシングドライバーは、この情報によって、ぎりぎりの高速でコースを飛び出さずにクルマを走らせることができる。曲がりくねった道でも交通の流れが速いヨーロッパでは、確かな運転技術が要求されるので、一般ドライバーも、この情報に注意を払って運転している。

セルフアライニングトルク

　その情報源は、第3章の3-5で紹介した「セルフアライニングトルク（SAT）」と呼ばれる前輪タイヤの接地面に発生する回転力である。この回転力が、タイヤの向きを、横すべり角を減らす方向に戻そうとして、ハンドルに手応えを与える。この感覚が、タイヤのつくっている横向きの力がどの程度摩擦の限界に近いかを、ドライバーに教えてくれる。

SAT発生のメカニズム

　タイヤが横向きの力をつくり出すのは、横すべり角でトレッドゴムが横に引っ張られてひずむからである。このひずみは、接地面の前端から後ろに行くにつれて大きくなるので、その領域は三角形状になる（図13）。接地面各部の力の合力である横向きの力は、三角形の重心を通ることになるので、接地面中心より後ろ寄りになり、中心とは一致しない。そのため、横向きの力は、接地面の中心回りに回転力を発生し、タイヤの向きを戻そうとする。この力がハンドルに伝えられてハンドルの手応えとなる。

SATの変化

　横すべり角の増加がある範囲までは、ひずみの領域は三角形を保つので、合力は位置が変わらないままで大きくなる。そのため、SATは増加していく。横すべり角がさらに大きくなり、接地面後半にすべり領域が発生し、その範囲が大きく広がると、トレッドゴムのひずみ領域は、三角形から台形状に変わり、その重心は接地面中心に近づく（図14）。その結果、合力の増加にもかかわらず、回転力である

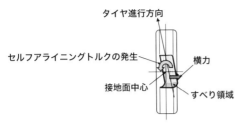

図13　セルフアライニングトルクの発生
タイヤ横すべり角が小さい時の接地面の状態。

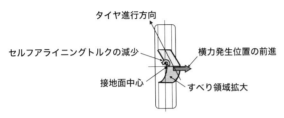

図14　セルフアライニングトルクの減少
タイヤ横すべり角が大きくなった時の接地面の状態。

SATは減少に転ずる。さらに、全面がすべり領域となる摩擦力の限界では、合力は接地面中心に限りなく近づくため、SATはほとんどゼロになる。

5-11　操舵系の三悪

手応えの変化

　ハンドルを切り込んでいくにつれて手応えがしっかりしてくる段階、これはセルフアライニングトルク（SAT）の曲線が右上がりの領域（図15のA）。なので、タイヤ横力はまだ十分の余力がある。切り込んでも手応えにあまり変化が感じられなくなると、これは曲線の頂点付近の領域（図15のB）になり、かなり限界に近づいている警告である。

　もし、切り込むと手応えが頼りなくなるようなら、これは曲線が右下がりの領域（図15のC）で、タイヤ横力は限界に達している、と考えられる。

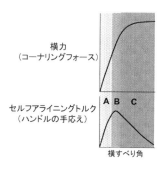

横力
（コーナリングフォース）

セルフアライニングトルク
（ハンドルの手応え）

A B C

横すべり角

図15　セルフアライニングトルクと横力の関係

望ましい操舵系

　このように、操舵系は、ドライバーからの指令をタイヤに忠実に実行させるだけではなく、タイヤからの情報をわかりやすくドライバーに伝達するという重要な使命にも応えなければならない。力の微妙な変化として発信されるタイヤからの情報は、操舵系の設計が悪いと途中で消滅して、ドライバーに届かなくなる。

操舵系の三悪

　この貴重な情報伝達を妨げる大きな要素は三つあるので、筆者は、これを操舵系の三悪と称している。三悪とは、歯車の「ガタ」、軸受の「摩擦」と動く部分の質量がつくる「慣性」である。これら三悪が少ない操舵系ほど、操作し易く、タイヤからの情報も正確に受取れて、気持よく安心して運転できる。

タイヤの進化

　当初、自動車には細くて外径の大きなタイヤが使われていたが、1920年代になると、外径が小さく断面が太い「バルーンタイヤ」が出現した。その結果、接地面が広くなってグリップが向上し、コーナリングとブレーキングの性能は飛躍的に向上した。さらに、空気圧を下げることができたため、乗り心地も向上して自動車の好ましい進化の原動力となった（第1章1-7参照）。

操舵系の課題

　しかし、この変化は、ハンドル操作が一段と重くなったため、操舵系にとっては歓迎できるものではなく、歯車機構の摩擦力の低減が求められるようになった。特に、ハンドル操作に多大な努力が必要になった大きくて重い高級乗用車では抜本的な解決を迫られた。しかし、これらの課題も技術の進歩で克服されていく。

5-12 重くなるハンドル

操舵角比

　1920年代に、断面が太い「バルーンタイヤ」が出現し、乗り心地と走行の安全性は高まったが、ハンドルが重くなった。操舵角比（前輪の転舵角に対するハンドル回転角：ステアリングギヤ比）を増やせば、操作は軽くなるが、忙しくなってドライバーの負担は増えるので、それは20程度が限界であった。

ネジとボールベアリング

　ハンドル軸の回転を1／20に減速するのに、普通の歯車では、ガタ・摩擦・慣性の操舵系の三悪の付け入る余地が増える。そこで、ハンドル軸の先端を細かいネジにして一気に減速する機構が考え出され、ガタと慣性が少なくなった（図16）。また、摩擦を減らすため、軸部にころがり軸受が、さらに高級車ではネジにまでボールベアリングが使われるようになり（図17）、三悪が押さえ込まれて、快適なハン

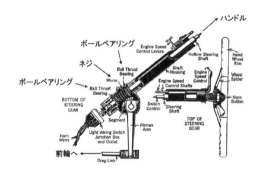

図16　細かいネジとボールベアリングを使ったフォード車の減速機構（1925年）
出典：V.W.Page, *Model T Ford Owner's Handbook*
Floyd Clymer（一部編集）

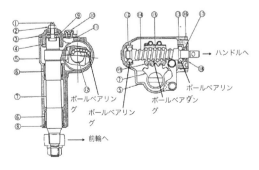

図17　ネジにボールベアリングを使った減速機構
出典：日産

ドル操作を可能とし、タイヤからの情報も一層正確にドライバーに届けられるようになった。

据え切り

　現在では死語になったが、「据え切り」とは、停車中にハンドルを回すことである。今では、狭い駐車場にクルマを停める際など、誰でも据え切りを行っている。しかし、かつては、据え切りは、タイヤが向きを変える抵抗が最も大きいので、クルマの運転で最も骨の折れる仕事だった。しかも、機構の耐久性が低かった当時は、据え切りを多用すると各部の磨耗が進んでガタが生じ、ハンドルの遊びが多くなってしまう。クルマをわずかでも移動させながらハンドル操作を行えば、必要な力は激減するので、運転教習では、据え切りを禁止し、ハンドル操作時には、必ずクルマを動かすことを徹底していた。

補助動力の模索

　それでも、豪華な装備で重量が増加傾向にある高級車では、ハンドル操作が非常に体力を必要とする状況になった。そのため、ドライバーの腕力を、外部の動力源で補う倍力装置の開発が始まった。はじめ、エンジンの吸気管内に発生する負圧を利用することが試みられた。しかし、負圧は、現在ブレーキの倍力装置には使われているが、操舵系では装置が非常にかさばるものとなり、開発は失敗に終わった。

5-13　負担軽減の努力

パワーステアリング

　重量が増加する高級車で、エンジン負圧を利用する倍力装置の開発は失敗に終わったが、エンジンで油圧ポンプを駆動し、その油圧でシリンダー内のピストンを押すことで、ハンドル操作を助ける油圧倍力装置が開発された。これが成功して、大きなクルマが多く、女性ドライバーが増えた米国で、この「パワーステアリング」の使用が拡大していく。

バリアブルレシオ

　一方、倍力装置を使わずに操作を楽にする努力も進められた。ハンドルからの減

速比を大きくすれば極低速での操作は楽になるが、高速ではハンドルが軽くなりすぎて、進路保持に細心の注意が必要となり、ドライバーの精神的な負担が増加する。そこで、前項で説明したネジとベアリングを使った「ボール・スクリュー式（図18a）」と呼ばれる機構で、高速走行で使用するハンドル角の範囲だけ、手応えを十分に確保する減速比に設定し、その範囲以外では、減速比を大きくする「バリアブルレシオ」の歯車機構が考えだされた（図18b）。

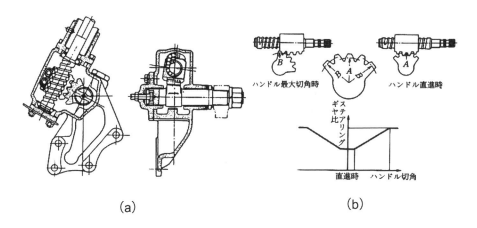

(a)   (b)

図18　ボール・スクリュー式ステアリング機構とバリアブルレシオ
出典：自動車技術会編『自動車技術ハンドブック　②設計編』自動車技術会

ラック・ピニオン式

　軽量小型車では簡便な歯車機構も使われていた。その一つは、ラックと呼ばれる歯を切った長い軸と、ピニオンと呼ばれる小さい歯車を使うので、「ラック・ピニオン式」のステアリングと名付けられている機構である（図19a）。この機構では、悪路などで車輪に加わる衝撃がハンドルに直接伝わるので、大型車には不向きだが、軽量車では使用可能で、バリアブルレシオの特性を組み込む工夫も行われた（図19b）。

逆バリアブルレシオ

　パワーステアリングで操作力が自由に設定できるようになると、駐車などの低速時に、ハンドルを大きく回さずに済む減速比の小さなクイックな特性が望まれるようになる。しかし、クイックなままでは、ドライバーは、高速時に慎重な操作を強いられ神経を使う。この解決に、ふたたびバリアブルレシオが採用される。今度は、直進付近の減速比が大きく、ハンドルを回していくと減速比が減少してクイックになるという、倍力機構がない場合とは逆の設定である。

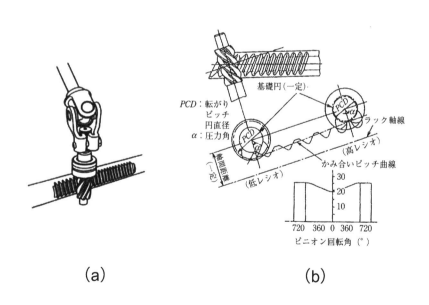

(a)　　　　　　　　(b)

図19　ラック・ピニオン式ステアリング機構とバリアブルレシオ出典：(a)
ホンダ（b）自動車技術会編『自動車技術ハンドブック　②設計編』自動車技術会

5-14　車体構造と操舵系

車体構造の変化

　その後、ボール・スクリュー式のステアリングシステムが高級車用、ラック・ピニオン式が大衆車用として住み分けが行われてきたが、変化が現れる。その要因は、車体構造である。それまで、高級車では、はしごのような頑丈なフレームが左右で前後に延び、そのフレームにエンジンや車輪など走るための機構が取り付けられ、その上に、車室が載せられていた（図20a）。しかし、軽量化と室内を広くするために、高級車でも小型車に倣って、フレームを廃止し、部分的に見ればきゃしゃではあるが全体として強度を保つ、「一体構造」と呼ばれる、あたかも卵の殻のような車体が使われるようになった（図20c）。

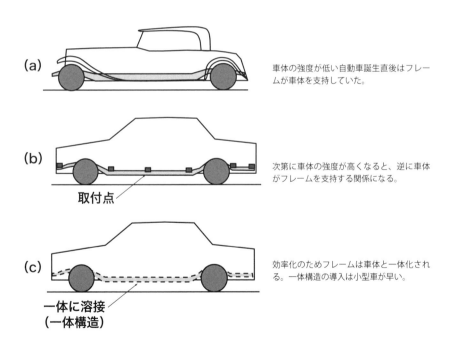

図20　乗用車の車体構造形式の変遷
出典：自動車技術会編『自動車工学基礎講座　車体設計』自動車技術会

ラック・ピニオン式の隆盛

　ボール・スクリュー式では、歯車箱の取り付け部に大きな力が集中する（図21a）。フレームがあれば、この力を受け止めることは易しいが、一体構造になると取り付け部分を補強するのが困難になり、ボール・スクリュー式はなじまない。ラック・ピニオン式では、長いラックの左右で車体に取り付けられ、取り付け部が大きくふんばっているので、加わる力は小さくなり、一体構造との相性は極めてよい（図21b）。車輪からの衝撃の影響は、パワーステアリングで小さくすることができる。このような背景から、かなり前から、日本の高級車を代表する"クラウン"もドイツの高級車"ベンツ"も、長い間使っていたボール・スクリュー式からラック・ピニオン式に移行している。

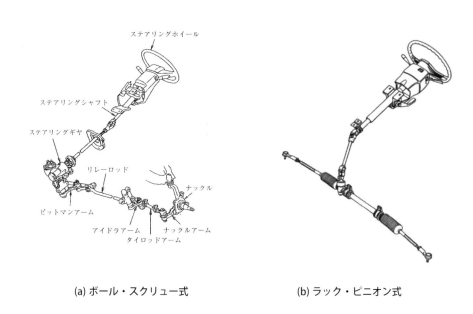

ステアリングホイール
ステアリングシャフト
ステアリングギヤ
リレーロッド
ナックル
ピットマンアーム
アイドラアーム
ナックルアーム
タイロッドアーム

(a) ボール・スクリュー式　　　　　(b) ラック・ピニオン式

図21　操舵系のシステム構成
ボール・スクリュー式では、ギヤボックスに力が集中する。ラック・ピニオン式は、力が広く分散し、スペースをとらないこともメリット。
出典：(a) 自動車技術会編『自動車技術ハンドブック　5 設計（シャシ）編』自動車技術会　(b) ホンダ

緊張する高速走行

特に敏感なステアリングでなくとも、高速走行は緊張する。その理由は、進路を変える際の横加速度（G）は、ハンドルの回転角が同一でも、車速の二乗に比例し加速度的に激しくなるからである。例えば、無意識のハンドルの動きから起こるクルマの横揺れを時速50キロでの走行状態と同程度に維持しようとすると、時速100キロでは、ハンドルの動きを1/4以内に留めなければならない。ハンドル操作は、軽い方が低速では楽だが、高速では意図しないハンドルの動きの影響が大きくなるので、それを小さく保つために緊張を強いられる。

5-15　操舵力の制御

恐怖のドライブ

ハンドル操作は、軽い方が楽だが、高速では意識しないハンドルの動きの影響が大きくなるので緊張を強いられる。これについて、筆者の体験を披露しよう。

アメリカ車が巨大なフルサイズだった1970年代に、そのレンタカーを借りて、デトロイトからナイアガラの滝まで片道約400キロを超える日帰りドライブをしたことがある。朝7時にホテルを出て、昼すぎにナイアガラに着いて、見物もそこそこに引き返し、夜の10時過ぎにホテルに戻る強行軍だった。

軽すぎるハンドル

途中は、パワーステアリングが効き過ぎた軽くてつかみどころのないハンドルと、慣れない右側通行で緊張を強いられた。特に帰路の日没後は、カナダの道路には照明がなく、路面の整備も遅れていて路肩がはっきりせず、クルマが少ないので、真っ暗闇の中を単独で長時間走行しなければならず、疲労困憊の極に達した。よく無事に帰ることができたものと我ながら感心した。しかし、この話には落ちがある。その苦労話を会社でしたところ、先輩が、アメリカ車は、ハンドルは軽いが鈍感なので、少しぐらいハンドルが動いても影響は少ないので、ヨーロッパ車のように神経質になる必要はない、と教えられてガックリした。

操舵力の制御

車速に応じて操舵力を変化させる仕組みで、この操舵力のジレンマを解決して、

運転の精神的負担を低減するパワーステアリングが1976年に現れた（図22）。低速では、ハンドルは扱いやすい軽さであるが、車速が上昇すると次第に重くなり、時速60キロ以上では適度な重さを維持してドライバーの緊張を和らげる仕組みで、「車速応動型パワーステアリング」と名付けられた（図23）。この制御で、高速時の心配をせずに思い切ってパワーステアリングの倍力比を高めることができるため、低速での車庫入れなどが格段に容易になった。

　また、同様な目的で、エンジン回転数が低い時にはハンドルが軽く、回転数の上昇につれてハンドルが重くなるステアリングも現れた。この方式は「エンジン回転数応動型パワーステアリング」と呼ばれた。

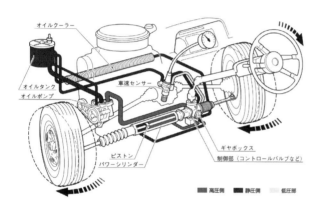

図22　車速応動型パワーステアリングの構成
通常の油圧倍力機構に追加された図中央の車速センサーが制御ラインの油圧を車速に
応じて変化させて倍力比を増減する。
出典：『Dream2　創造・先進のたゆまぬ挑戦』本田技術研究所

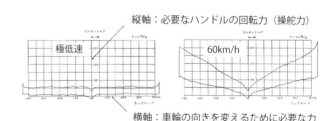

図23　車速応動型パワーステアリングの操舵力の変化
極低速時には、倍力機能で車輪の抵抗力に関係なくハンドルを軽くするが、60km/h
まで徐々に倍力機能を低下させ、抵抗力に比例したハンドルの重さにする。
出典：『Dream2　創造・先進のたゆまぬ挑戦』本田技術研究所

5-16　パワーステアリングの電動化

不合理な油圧パワーステアリング

　パワーステアリングは、エンジンの回転で油圧ポンプを回して高圧の作動油をつくり動力源としてきた。しかし、これは不合理な方法である。なぜなら、この方式では、クルマが高速で走っている時にはエンジンの回転数が高くなり、作動油が大量につくられるが、その使い道はない。しかし、ポンプはエンジンと連動して回転しているため、止めることはできない。そのため、バイパスで作動油を循環させているが、常時油圧ポンプを回しているので燃費は悪くなり、油温は上昇して冷却のための放熱装置が必要になる。

電気式パワーステアリング

　この解決策として、モーターで油圧ポンプを駆動する方式が開発された（図24）。こうすれば、車速応動とすることが容易であるばかりか、油圧が不要な際には止めることができるので燃費の低減にもなる。合理的なパワーステアリングの出現となったのである。

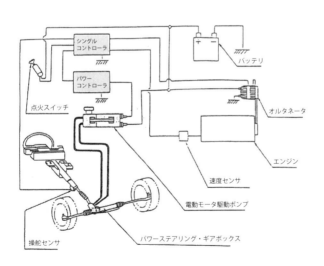

図24　電気式パワーステアリングの構成

しかし、これは複雑になることによるコストの上昇が弱点で普及しなかった。従来の油圧パワーステアリングの部品に加えて、新たにモーターとそれを制御する電子回路と電気部品が加わる。エンジンから油圧ポンプを駆動する機構は不要になるが、そのような機械部品は安価である。

電動パワーステアリング

　1980年代になると、人々は贅沢になり、軽自動車にもパワーステアリングを望む声が大きくなった。この頃になると、材料技術の進歩で強力な磁石が利用しやすくなり、モーターの小型化と高性能化が行われ、同時に大電流を制御する半導体が安価になってきた。このような背景から、パワーステアリングの動力にモーターを使用する試みが始まった。

　もし、モーターを直接動力源とする「電動パワーステアリング（EPS）」ができれば、不要な時はエネルギーをまったく使わずに済むだけではなく、作動油とタンク、ポンプと駆動機構、配管とオイルクーラーが不要となってシステムが単純化され、電気式パワーステアリングの弱点を解消する理想のパワーステアリングシステムをつくることができる（図25）。

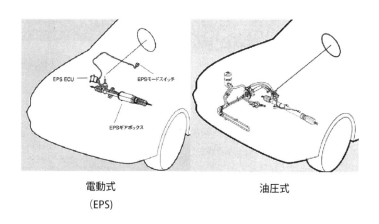

電動式
（EPS）

油圧式

図25　パワーステアリングの構成要素の比較
出典：『ホンダの技術50年 DATA　Dream』（CD − ROM）本田技術研究所

5-17　電動パワーステアリングの開発

安価なシステム

　筆者は自動車会社在職中、電動パワーステアリング（EPS）の開発に関係した。部下の一人が、自宅で図面を描いて、当時マネージャーだった筆者に開発を提案してきた。たまたま、軽自動車でもパワーステアリングの要望があったので、その熱意を評価して、彼を開発責任者にして、シンプルで安価なシステムを狙って開発することにした。しかし、始めてみると手応えがギクシャク不自然で、とても売物になるようなものはできなかった。

油圧式に勝る操舵感覚

　そこで、安くつくることは断念して、油圧パワーステアリングと同等以上のなめらかな感覚を得ることを目指して開発を続けた。苦節数年、目標とするすばらしい操舵感覚をもったEPSが完成した。しかし、コストは目の玉が飛び出るような、たとえ最上級の乗用車でも使えないほどの高額になってしまっていた。

高性能スポーツカー

　せっかくの努力の成果が生産に結びつかず、悔しい思いをしていたが、思わぬところから救世主が現れた。それは、エンジンを乗員の後ろに置いた、アルミ合金製ボデーの軽量高性能二人乗スポーツカーの企画である（図26）。本来、本格的なスポーツカーは、ハンドルが少しぐらい重くともパワーステアリングを使用しないの

図26　ホンダ NSX（1990年）
出典：『DATA　Dream　Products & Technologies 1948-1998』HONDA R&D

が一般的である。しかし、老若男女誰でも、できるだけ多くのドライバーにスポーツカーの楽しさを味わってもらえるようにと、パワーステアリング付きのモデルも生産することになった。

高コストを吸収

そこで、従来の油圧式とEPSが比較され、極めて高いコストにもかかわらず、EPSが採用されて我々の努力が日の目を見ることになった（図27）。幸い、このスポーツカーの場合、EPSに有利な条件がそろっていた。まず、エンジンが乗員の後ろにあるため、もし油圧式を使うと配管の取りまわしが長く面倒になるという事情がある。また、部品が少なく軽量なEPSが、車体をアルミ合金でつくるほど軽量化を重視しているクルマのコンセプトに合致していたのである。さらに、1千万円近い売値のクルマなので、高いコストを吸収し易いこともあった。

5-18　第二世代のバリアブルレシオ

世界初の本格的EPS

筆者が支援したEPSは、スポーツカーの発売前に、軽自動車で簡易的なEPSが市販されていたので、「世界初のEPS」のタイトルは残念ながら取れなかった。しかし、低速から高速まで、従来の油圧式をはるかにしのぐなめらかな感覚を実現し、車速応動をはじめ、きめの細かい操舵力制御を行うという点で世界初の本格的なEPSであった（図28）。この影響か、業界は、こぞってEPSの開発を進めることになった。

EPSの制覇

我々は、このスポーツカーでの経験を生かして、さらに小型高性能でコストを下げたEPSを開発し、生産台数の多い乗用車に搭載した（図29）。数が多くなればコストが下がり、そうなれば多くのモデルで採用されるという好ましい循環が始まって、軽量化と燃費低減の手段としても有効なため、多数の乗用車がEPSを使うようになった。すでに紹介した、歯車箱をボール・スクリュー式からラック・ピニオン式に変更した "クラウン" も "ベンツ" も、実は、同時にEPSへの変更を意図したものであった。

図27　NSX のパワーステアリング（EPS）
出典：『DATA　Dream　Products & Technologies 1948-1998』HONDA R&D

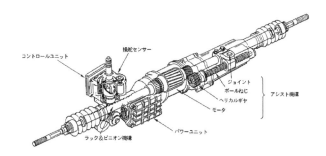

図28　NSX の EPS の構造（1990年）
出典：『DATA　Dream　Products & Technologies 1948-1998』HONDA R&D

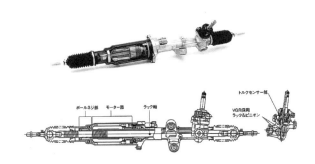

図29　コンパクトになったホンダ・アコードの EPS（1997年）
出典：『DATA　Dream　Products & Technologies 1948-1998』HONDA R&D

緊急回避

　話は変わるが、緊急事態で、衝突を避けるために急ブレーキを掛ける必要があるのに、ブレーキペダルをしっかり踏み込めないドライバーが多いことが問題になっている。これは、ハンドル操作で障害物を避ける場合にも当てはまる。回避を成功させるためには、ハンドルを速やかに大きく回転し、即座に戻さなければならない。しかし、プロのテストドライバー以外のドライバーにとっては、これは未経験の操作なので、ほとんど不可能である。

第二世代のバリアブルレシオ

　この改善も狙って出現したのが、減速比の変化幅を大幅に拡大し、しかも、走行条件に応じて自由に変化させることのできる第二世代のバリアブルレシオのステアリングである。

　本章5-13で、油圧や電気を使わずにハンドル操作を楽にするため、ハンドルの回転角で減速比が変化するバリアブルレシオのステアリングが存在することを紹介した。これと区別するために、制御の自由度を拡大したバリアブルレシオを第二世代と呼ぶことにする。

5-19　前方注視モデル

制御プログラム

　このシステムの減速比を変化させるプログラムは、「走行時、ドライバーは何を根拠にハンドル修正量を決めているのだろうか」という疑問に、明解な回答をした日本の研究者の有名な学説を参考にして決められている。

前方注視モデル

　その「前方注視モデル」と呼ばれる学説は、「ドライバーは、走行中、常に、車速に応じたある距離だけ先の一点を注目しながら運転しており、クルマの現在の向きでそのまま進んだ場合、その地点で発生するであろう進路の誤差を予測し、その量に比例した角度だけハンドルを修正する」というもので、注目する地点は「前方注視点」、そこまでの距離は「前方注視距離」と呼ばれる。

トンネルの恐怖

　シミュレーションによると、前方注視距離が短いと、ドライバーのハンドル修正が遅れ気味になり、修正量が大きくなる傾向があり、クルマの運動は不安定になる。トンネルで横の壁を気にすると、急に運転が怖くなるという経験のある人は多いのではないだろうか。この原因を、前方注視モデルでは、前方注視距離が極端に短くなるのでクルマの運動が不安定に近づくからだ、と説明している。

予見時間

　ドライバーの運転行動は合理的で、車速が速くなれば前方注視距離を長くすることで、クルマの運動が不安定になることを防いでいることが確認されている。前方注視距離を車速で割ると、前方注視点に到達するまでの時間が得られる。この時間は、1〜2秒程度で、「予見時間」と呼ばれる（図30）。

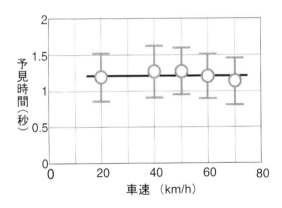

図30　予見時間の実測値
アイカメラを使った測定から、ドライバーは平均予見時間を 1.2 秒程度に維持し、車速とともに前方注視距離を長くして、安定性を保っていることが裏付けられた。
出典：『Honda R&D Technical Review Vol.11, No.1』本田技術研究所

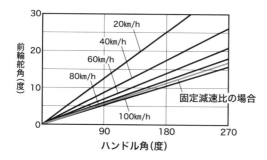

図31 VGSの減速比の制御プログラム
VGSは、低速では、固定減速比より2倍以上、切れがよくなっている。
出典：『Honda R&D Technical Review Vol.11, No.1』本田技術研究所

2倍の減速比幅

　1999年に我国で、減速比を大幅に制御することができる「VGS（Variable Gear-ratio Steering system）」と名付けられる操舵系が開発され、スポーツカーで実用化された。VGSでは、減速比の制御プログラムを、予見時間1.2秒先の路肩を狙ってその向きだけハンドルを回転すれば、いかなる速度でもカーブにスムーズに進入することができるように車速に従って変化させている（図31）。その結果、減速比が、時速20キロ以下での7.4から車速とともに増加して、時速80キロ以上では15.5となる約2倍の変化幅を持った画期的なバリアブルレシオの設定となった。

5-20　減速比制御自由度の向上

VGSの機構

　VGSの操舵系は、それぞれの軸端に固定された腕の先端で連結されている二つの平行な軸が回転した場合、腕が短い軸の方が回転角度は大きくなる、という幾何学の原理を応用したものである（図32）。車速に応じて、二つの軸の距離を増減させることで、連結点までの腕の長さを加減して、入力軸と出力軸の回転角の比率、減速比を変化させている。

VGSの効果

　このシステムのお陰で、時速10キロでの車庫入れでは、ハンドル操作の作業量

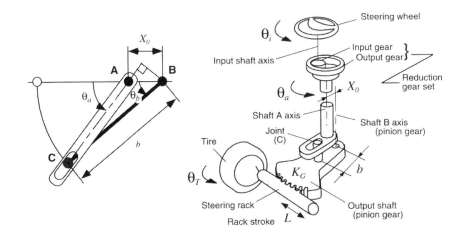

図32　VGS の原理と構成
入力 θ_a に対する出力 θ_b の割合が X_0 によって変化する。
出典：『Honda R&D Technical Review Vol.11, No.1』本田技術研究所

は従来のステアリングシステムに比較して大幅に減少して、扱いが楽になっている（図33左）。さらに、時速100キロでのレーンチェンジでのハンドル操作も改善されて、緊急回避が容易になっている（図33右）。

差動歯車装置

その後、減速比の変化幅に制約がない機構を応用した操舵システムが海外で実用化された。その原理は、通称「デフ」と呼ばれて、自動車のエンジンの回転力を左右の駆動輪に分割する機構として使用されている差動歯車装置の応用で、これをハンドルと歯車箱の間に入れて、ハンドルの回転を、操舵歯車箱に入る回転とモーターに入る回転に分ける（図34）。

制御自由度の向上

このシステムでは、モーターが止まっていれば、ハンドルの回転のすべてが歯車箱に伝わるが、モーターがハンドルと逆方向に回転すると、ハンドルの回転を横取りして、歯車箱に入る回転が少なくなる。モーターがハンドルと同方向に回転すると、歯車箱に入る回転は、両者の合計となって大きくなる。モーターの回転を制御するだけで、減速比の自由で速やかな変化が可能となった。

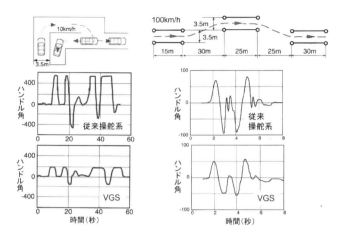

図33　車庫入れとレーンチェンジでのVGSの効果
出典：『Honda R&D Technical Review Vol.11, No.1』本田技術研究所

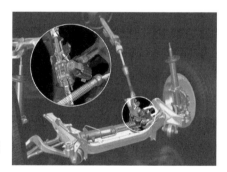

図34　さらに進化したVGSの一例
出典：BMW

安全技術へ発展

　しかし、実際にこのシステムが使用している変化幅はそれほど大きくはなく、む
しろ、応答性の良さを生かして、減速比をきめ細かく変えることで、運転状況に応
じて、クルマの応答性や安定性の向上などの効果を狙ったプログラムを採用してい
るようである。

　その後、我が国でも、同様な原理の操舵系を備えたクルマが出現し、緊急時に衝
突回避を成功させるための、ドライバーの操舵をアシストする安全技術への発展も
見られる。

第6章
操舵機構の進化—
ハンドル操作の容易化へのさらなる努力

6-1 自動車の取り扱いの負担軽減

ベルタ夫人の労苦
　1888年、ベンツの三輪車で、初めての長距離ドライブを敢行したベルタ夫人の労苦が伝えられている。道路は未舗装だったから、ソリッドタイヤのため乗り心地は劣悪で、路面の凹凸で激しく振られるハンドルバーを必死に押さえなければならなかった。駆動用のチェーンは度々切れて、その都度修理が必要だった。

空気入りタイヤと丸ハンドル
　その後、空気入りタイヤが開発されて乗り心地は改善され、丸ハンドルの採用で路面からの衝撃は軽減し、駆動はシャフトドライブに代わって故障はなくなり、取り扱いは大幅に容易になった。しかし、エンジンの始動には、クランクによる人力が必要で、死傷者も出た危険な作業だった。

電気スターターと自動変速機
　ほどなく、エンジンの電気スターターが普及して、初めて、自動車は誰でもが扱えるものとなった。それでも、運転操作にはかなりの技術が必要だった。筆者の経験では、まず、エンストせずに、しかもなめらかに発進するためのクラッチとアクセルの操作を会得するのが苦労だった。現在では自動変速機が普及したので、これは昔話になってしまった。

アンチロックブレーキ
　これらの技術革新で自動車の扱いはさらに容易になったが、危険な運転操作が残されていた。それはブレーキングである。無事に速度を落とすことができればよいが、減速の途中には危険が潜んでいる。それは、すべりやすい路面で、車輪の回転を止めてしまうブレーキの掛け過ぎである。後輪が回転を止めると、進路の維持ができず蛇行して事故になる。しかし、この問題もアンチロックブレーキ（ABS)の普及で解消した。

残る問題
　熟練を要する操作が、これですべてなくなったわけではない。読者が自動車の運転教習を思い出せば、思い当たるものがある筈である。筆者は、左折の際に、クル

マの後部側面をポールに擦ったり、後輪を脱輪した。また、S字コースで前輪を脱輪したこともある。技術が進歩した今でも、ハンドル操作の十分な練習なしには、クルマの運転はできない。その原因は操舵系の特性にある。

6-2　ハンドル操作のわかりにくさ

ハンドル修正

　ドライバーは、初心の頃の体験を忘れてしまっているかもしれないが、ハンドル操作に対する自動車の動きは、単純に真直ぐ走らせることさえ簡単ではなく、それが初心者を悩ませる。ハンドルを真直ぐにしている積もりでも、暫くすると、クルマは、必ず、右や左に逸れていく。そのままでは逸れる量が加速度的に増えるので、早めのハンドル修正が必要になる。しかも、進路に戻ったら、即座にハンドルを元に戻さなければならない。

適切な修正量

　この時、進路を元に戻すためには、どの程度ハンドルを反対方向に回転すれば適切なのかの手掛かりは何もない。そのため、修正不足でハンドルの増し切りが必要になったり、切り過ぎて逆方向に逸れてしまったりということが起こり、クルマは小さな蛇行を繰り返す。これは、ハンドルの角度と進路との関係が単純でないことが原因である。

速度で変わる修正量

　直進から逸れる速さは、ハンドル角の誤差が同一でも、ほぼ車速に比例して高まる。そのため、適切な修正操舵量は、車速の上昇に伴い減少する。ドライバーは、この適切な修正量のマップを、時間を掛けて経験で覚えるほかはない。走り慣れない高速でハンドル操作を誤ることがあるのは、経験不足でマップが不完全なためである。

カーブ進入

　カーブでのハンドル操作はさらに負担が大きくなる。ハンドルの角度は旋回半径に対応しているが、その関係は車速で微妙に変化する。そのため、カーブの半径に

合わせて旋回するのに適切なハンドルの角度を、一気に与えることができるドライバーは少ない。しかも、速やかに対応しないと道路から逸脱する危険があるので、素早いハンドル操作が要求される。

車線変更

　穏やかな車線変更は、高速道路ではよく行われるが、衝突を避けるためには緊急車線変更が必要で、これを成功させるには素早い適切なハンドル操作が要求される（図1）。しかし、この際に必要な操舵パターンは精度を要し、遅れも許されないので、一般ドライバーが、とっさの際に適切に対応するのは困難と思われる。

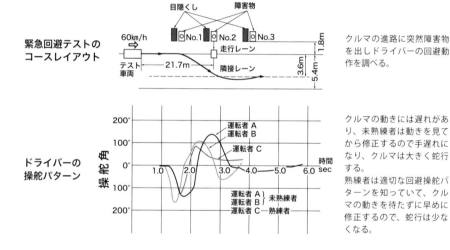

クルマの進路に突然障害物を出しドライバーの回避動作を調べる。

クルマの動きには遅れがあり、未熟練者は動きを見てから修正するので手遅れになり、クルマは大きく蛇行する。
熟練者は適切な回避操舵パターンを知っていて、クルマの動きを待たずに早めに修正するので、蛇行は少なくなる。

図1　緊急車線変更の操舵パターン
出典：佐野彰一「操安性の評価」『自動車技術』Vol.34、No.3　自動車技術会

6-3　微分ハンドル

わかりにくさの元凶

　現在の操舵系では、ドライバーは、クルマの将来の到達方位を目標にしてハンドルの回転角度を決めることはできない。ハンドルの回転角度で決められるのはクルマの方位角速度（進路角が変化する速度）である。そのため、ドライバーは、適当なハンドル角を保持していて、クルマが目標方位に向いたと思った瞬間にハンドルを元に戻すことで対応している。操舵系のこの特性が、操作をわかりにくく煩雑にしている元凶なのである。

ハンドルと前輪の機械的連結

　技術が進歩した現在、エアコンの温度設定と比べてもわかるように、こんな間接的なめんどうな操作が要求される機器は、ほとんど残っていない。自動車は、誕生以来、ハンドルと前輪が歯車やリンクで連結されているために、その回転角が比例関係になり、必然的に上述のような特性になっている。

微分ハンドル

　この問題を改善して自動車を扱いやすいものにする試みは、長い間、まったく行われてこなかった。しかし、1960年代に我が国の研究者がこの問題に取り組み、一定の成果を挙げた。それは、前輪の角度を、ハンドルの角度で決めるのではなく、ハンドルの回転速度で決める操舵系の提案だった。この操舵系は「微分ハンドル」と名付けられた。

ハンドルを戻す必要がない

　微分ハンドルでは、前輪に角度を付けるためには、ハンドルを回し続けなければならない。速く回すほど前輪の角度が大きくなり、回転を止めると前輪は、即座に元の直進位置に戻る。したがって、微分ハンドルでは、クルマの向きが望みの方位を向いたら、そこでハンドルの回転を止めればよく、戻す必要がない（図2）。

未経験者のクランクコース通過

　この発案者は東大の故平尾収教授で、彼は自動車を扱いやすくする研究を続けていた。自動変速機の研究から、続いてハンドル操作の改善に取り組んだ。彼が講演

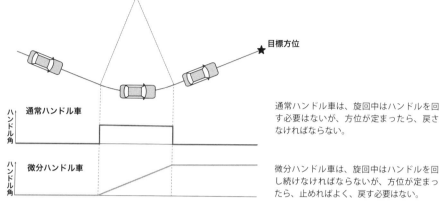

通常ハンドル車は、旋回中はハンドルを回す必要はないが、方位が定まったら、戻さなければならない。

微分ハンドル車は、旋回中はハンドルを回し続けなければならないが、方位が定まったら、止めればよく、戻す必要はない。

注）わかりやすくするために、クルマの動きはハンドル操作に対して遅れがないと仮定している。

図2　進路変更での通常ハンドル車と微分ハンドル車の操舵経過

で公開した、運転経験のない女性ドライバーが、微分ハンドル付きのクルマで教習所のクランクコースを脱輪せずに通過する記録映画に、筆者はいたく感銘したことを記憶している。

6-4　微分ハンドルの挫折

微分ハンドル研究車

　微分ハンドル研究車は、操縦装置が2組あり、右側が実験用ハンドルで、微分ハンドルにも通常ハンドルにも切り換えられる（図3）。左側の通常ハンドルは、手前に引き出すと、実験用ハンドルだけが操作でき、押し込むと実験用ハンドルは作動しなくなる。

時速６キロでの左折

　実験では、運転経験が全くない学生二人に、時速6キロで左に直角に曲がる道を走らせ、軌跡が記録された。通常ハンドルの場合、二人は、いずれも、角を曲がってからハンドルを戻すのが遅れ、ヨタヨタして軌跡はなかなか収まらない結果となった（図4a）。

図3　微分ハンドル研究車の操縦装置
アクセルとブレーキのペダルも両席にある。
出典：平尾収「微分項を含んだ操舵系の研究」『生産技術』
1967.11　東京大学生産技術研究所

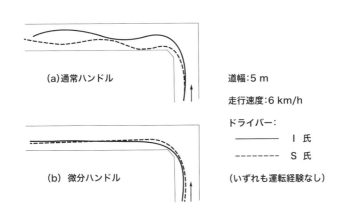

図4　微分ハンドルと通常ハンドルでの走行軌跡
出典：平尾収「微分項を含んだ操舵系の研究」『生産技術』1967.11
東京大学生産技術研究所

スムーズな微分ハンドル

　微分ハンドルでは、初めからスムーズに通過した（図4b）。通常ハンドルでも少し練習したら、二人ともスムーズに走れるようになったが、時速を10キロに上げたら、またヨタヨタになってしまった。微分ハンドルでは、車速を一気に15キロに上げても、練習せずにスムーズに走ることができた。

高速での負担軽減

　この研究車の微分ハンドルには、回転速度に対する前輪の角度の割合を、速度の上昇につれて減らしていく機能も用意されていた。これによって、高速で、一寸動

かしただけでクルマの向きが大きく変わってしまう通常ハンドルで要求される、細心のハンドル操作のための精神的・肉体的負担からも解放される。

折衷型微分ハンドル

　さらに、通常ハンドルと微分ハンドルの折衷型が提案されていた。これは、前輪の角度は、通常ハンドルのようにハンドル角に比例するが、それにハンドルの回転速度に比例する角度が上乗せされるものである。ハンドル操作に対してクルマの動きには遅れがあるので、早く向きを変えたい時にはハンドルを速く回すので、その分、前輪切れ角が大きくなって遅れをカバーできる、という優れた発想である。

研究の挫折

　しかし、この研究はこれ以上発展しなかった。機構が複雑で、製作が極めて困難だったからだ。ところが、ハンドルと前輪の機械的な結合を弛めて、前輪切れ角を自由に制御しようとするこの発想に、現在、ふたたび関心が高まっている。

6-5　方位ハンドル

記録映像の強烈な印象

　微分ハンドルは世間からは忘れ去られてしまった。しかし、運転経験のない女性がクランクコースを脱輪せずに通過する記録映像の印象が強かったので、それは、筆者の脳裏から離れることはなかった。ある時、仕事の合間に理論式をいじっていて、アイデアが閃いた。

方位もハンドルも360度

微分ハンドルでは、どこでもハンドルの回転を止めた方位でクルマは直進となる。ハンドルは全周が360度だから、止めたハンドルの位置を同じ360度の方位角と1対1で対応させれば、ハンドル操作がわかり易くなるのではないか、と気付いたのだ。

方位ハンドル

　微分ハンドルの理論式から、ハンドルの回転速度と前輪の切れ角の割合を或る値にすれば、微分ハンドルの一つの特殊例として、筆者のアイデアが成立することが

わかった。そこで、発見した操舵系を"方位ハンドル"と名付けた。この時には、カーナビが普及していたので、それを作るには、ハンドルの回転速度に頼る必要はなく、製作は容易だった。

方位角フィードバック

　方位ハンドルでは、ハンドルの回転位置で指示する目標方位角と、ナビのセンサーで得られる方位角情報との差に応じた前輪切れ角を与える。その差がゼロになれば、クルマは目標方位を向いて旋回から直進に移る、というシンプルな方位角フィードバック制御である。

ダイレクトな目標設定

　方位ハンドルでは、ハンドルをそのまま保持していれば、横風が吹いても、クルマは真直ぐ進む。直角に曲がるにはハンドルを90度回転すればよい（図5）。ハンドル操作も、エアコンの温度設定と同じように、ダイレクトに目標進路を設定できるようになる。シミュレーター実験では、運転経験のないドライバーも屈曲したコースを走ることができた。

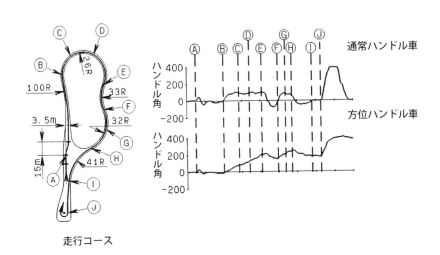

走行コース

図5　走行実験での方位ハンドルと通常ハンドルのハンドル角の推移
方位ハンドルではコースを一周するとハンドルは360度回転する。コースの形状とハンドル角を対比して見ると、両者の違いがよくわかる。
出典：S. Sano "The future of advanced control technology-application to automobiles and problems to be solved" AVEC '92 Yokohama

副産物と短所

さらに、副産物として、方位ハンドルでは、クルマの動きが敏捷になり、安定性もよくなり、衝突回避のための緊急車線変更での成功率が高まることも明らかになった。しかし、短所もあった。それは、高速道路のランプのように旋回が続く場合にはハンドルを回し続ける煩雑さである。

6-6　方位ハンドル実用化の課題

二つの課題

方位ハンドルの実用化には二つの課題の対処が必要になる。一つは、旋回が続く道路でハンドルを回し続けなければならない煩雑さを軽減することである。方位ハンドルでは、ハンドルからの電気的な指令で前輪を転舵するので、電気信号系の故障時の制御不能をどう回避するかが、残る一つの課題である。今回は、前者の課題への対応を考える。

方位ハンドルで割り切る

煩雑さは、方位ハンドルの本質から生まれるもので、この対応は、幾つか考えられる。一つには、一方向に旋回が続く道路は非常に少ないと割り切る対応である。これは、自動車の運転技術の習得が容易になるという方位ハンドルの利点が維持されるので、初めて自動車を運転しょうとする将来のドライバーには向いていると考えられる。

選択方式

さらに、方位ハンドルと現在の操舵系の両者の制御則が切り替えで選べるシステムとする対応もある。現在の操舵系の運転に習熟しているドライバーは、その制御則を選び、これから運転を始めようとするドライバーは方位ハンドルの制御則を選べばよい。この方式では、普段は方位ハンドルの制御則を使い、一方向の旋回が続く道路だけを従来の操舵系の制御則に切り替える、という使用方法も可能になる。

ナビゲーション連動切換

基本的には方位ハンドルの制御則を使い、進路が一方向の旋回が続く場合に、ナ

ビゲーションシステムの情報によって、従来の操舵系の制御則へ自動的に切り換える方法も考えられる。その場合は、安全上、制御則の変更を音声とディスプレイでドライバーに知らせる必要はあるだろう。

折衷プログラム

さらに、方位ハンドルは、高速での緊急レーンチェンジが容易になり（図6、図7）、衝突回避の成功率の大幅向上が期待できることから、低速では従来の操舵系の制御則を使い、車速の上昇につれて方位角のフィードバック量を増やしながら、或る車速以上で完全な方位ハンドルに移る、という安全性を重視したプログラム的な折衷案も考えられる。

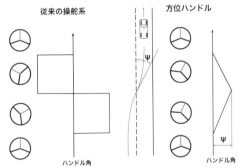

注）わかりやすくするために、クルマの動きはハンドル操作に対して遅れがないと仮定している

図6　緊急レーンチェンジでのハンドル角の推移
回避操作が、方位ハンドルではいかにシンプルになるかがわかる。

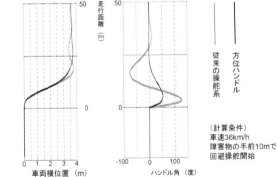

（計算条件）
車速36km/h
障害物の手前10mで
回避操舵開始

図7　緊急レーンチェンジのシミュレーション結果
ハンドル操作に対するクルマの遅れを考慮した実際に近い計算。
車速が比較的遅いので両者とも衝突回避には成功しているが、従来の操舵系ではドライバーはハンドルと格闘しなければならない。

6-7 フライ・バイ・ワイヤー

ステアー・バイ・ワイヤー

　ハンドルで進路角を指定できる方位ハンドルでは、ハンドルの回転角を電気信号に変換し、それをコンピューターで処理して、前輪を動かすアクチュエーターに命令を電気信号で伝達する必要がある。このような、電線を経由して前輪を操舵する方式は「ステアー・バイ・ワイヤー（SBW）」と呼ばれる。

フライ・バイ・ワイヤー

　SBWの発想は、航空分野が先行しており、それは「フライ・バイ・ワイヤー（FBW）」と呼ばれている。航空機では、尾翼や主翼の操舵面を動かすためにロッドやケーブルなどが用いられていた。しかし、これらは、軍用機では被弾で破壊され操縦不能に陥る確率が高いので、面積を取らず防弾装甲が容易な電線に変えようと考えたのが、FBWの着想であった。

高い制御自由度

　航空機では、上昇するには、機体を上に向けて主翼の揚力を増やす必要があり、旋回するには、揚力の横方向の成分を使うために、機体を横に傾ける必要がある。しかし、戦闘機で、空戦性能向上のために、姿勢を変えずに、直接、横や上下に移動したいという要求が生じ「CCV」と呼ばれる技術が検討された。そこで、機体の前部にも操舵面を設けて、それらを協調的に制御する必要から、制御の自由度が高いFBWが脚光を浴びた。

ＦＢＷの普及

　FBWにしてコンピューターを介在させれば、危険な飛行状態に陥る操縦を阻止でき、パイロットの負担が軽減できる。さらに、機械部品が減って軽量化ができ、旅客機では大きな操舵輪の代わりに、小さなサイドスティックで操縦することが可能となって、計器盤が見易く、スイッチ類が扱いやすくなり、戦闘機ではコックピットがコンパクトにできる。これらの利点からFBWの実用化が進んだ。

多重冗長系

　しかし、制御系の故障は、航空機にとっては致命的な問題である。これを解決す

るために、コンピューターを含めて電気系統を多重の冗長系とする対策が行われている。二重では、一方の系が故障して狂った場合、どちらが正しいかがわからなくなるので、正しい命令を多数決で判断できる三重以上の冗長系が採用されている。

6-8 ステアー・バイ・ワイヤーの効用

減速比制御

これまで方位ハンドルでの必要性からSBWを紹介したが、SBWを採用すれば従来の操舵制御則でもさまざまな効用が期待できる。操舵系の基本的な特性であるハンドル角と車輪の転舵角の比例関係を規定する減速比を自由に変えることができるので、低速では減速比を小さくして車庫入れなどでの取り回しを良くし、高速ではギヤ比を高めてハンドルが敏感になることを防いで、ドライバーのストレスを低減することが可能になる。

操舵反力制御

ハンドルの操作力（操舵反力）は、パワーステアリングの採用で軽減されてはいるが、タイヤと路面間の力の特性に拘束され、設定に大幅な自由度はなかった。しかし、SBWになればタイヤと路面間の力とは無関係に操舵反力が設定可能となる。車庫入れなどの低速での操舵反力を大幅に少なくすれば、操作の負担は著しく低減する。従来の操舵系では、タイヤと路面間の力の情報を的確にドライバーに伝えられるように前輪サスペンションを設計する必要があったが、その制約がなくなり設計の自由度が拡大する。

外乱安定性

SBWではハンドルと車輪との間にコンピューターが介在するので、直進中は、方位ハンドルと同様に、方位角をフィードバックしてその進路を維持させることが可能になる。したがって、横風などの外乱を受けても向きが変わることを防ぐことができ、外乱安定性が備わりドライバーのストレスが低減し、安全性が向上するのである（図8）。

スペースユーティリティー

SBWでは、丸ハンドルを廃止することも可能になり、航空機のFBWの場合と同様に、ドライバー席回りのレイアウトの自由度が高まる。その結果、メーターパネルの視認性が向上し、衝突時に凶器になる危険もある突出物がなくなることで、安全性能の向上も期待できる（図9）。

図8　ステアー・バイ・ワイヤー研究車の横風テスト
ハンドル固定で、横風発生装置の前を通過する。右の従来操舵系車は横に流されているが、左のSBW車は進路が維持されている。
出典：本山廉夫「ステアバイワイヤと車両運動制御」『自動車技術』Vol.57、No.2 2003 自動車技術会

図9　ステアー・バイ・ワイヤー研究車の運転席
出典：本山廉夫「ステアバイワイヤと車両運動制御」『自動車技術』Vol.57、No.2　2003　自動車技術会

前後輪協調制御

　最近の高性能車には、後輪をSBWで前輪と協調して操舵し、走行性能を一段と向上させる技術が適用されているものがある。1987年に、世界初の四輪操舵乗用車が我が国で発売された当時は、後輪操舵系は、長い回転軸で機械的に前輪操舵系につながっていた。その後、後輪はSBWとなり軸は廃止され、後輪操舵制御則とスペースレイアウトの自由度が大幅に増大した。

6-9　SBW 四輪操舵

機械式4WS

　1987年に発売された世界初の4WS乗用車については、第3章で紹介した。それは、まだ自動車でコンピューターを使うことが一般化していない時期だったために、機械的に後輪を制御しようと工夫したものであった。前輪の切れ角が小さい範囲では後輪を同方向に切り、前輪の切れ角が大きくなると後輪を逆方向に切るため、前輪の歯車箱から回転を取り出し、この回転を長い軸で後輪の歯車箱に伝達していた。

苦情の種

　この回転軸が苦情の種だった。前輪駆動（FF）車では、エンジンルームから後部に伸びるトンネルは、排気管を通すだけなので断面は小さく、室内への出っ張りが少ないことがFF車の利点だった。4WSにすると、この回転軸を通すためにトンネルの断面を拡大する必要があり、利点が失われた。工場の組立ラインでは、新たに長い回転軸を組み込む手間が増え、限られたラインの長さで対応するため、工程計画に頭を悩ませた。

SBW後輪操舵

　しかし、1991年のモデルチェンジで、電動パワーステアリングが後輪に使えるようになり、万一電気系統の故障で後輪が動かなくとも、切れ角が小さいので深刻な問題にならないことが確認され、SBWが採用された。その結果、トンネルは小さくなり、組立ラインでは、従来と大差ない電線の束を組み込むだけで済むようになり（図10）、苦情の種は解消した。

きめ細かい制御

　SBWの利点はそれだけではなく、制御の自由度を高めた。機械式4WSでは、後輪の切れ角は、前輪の切れ角だけで決まる単純な制御だった（図11左）。SBWの4WSでは、後輪の切れ角は、ハンドル角に、車速とハンドルの回転速度も加味して決められるようになった（図11右）。その結果、違和感を持つ人もいた機械式4WSの運転感覚を、前輪操舵（2WS）車に近いものにすることができた。

ノスタルジー

　筆者は、機械式4WS車を長年使っていて、確かに運転感覚に違いはあるが、それが4WSの特徴と理解し、その性能に満足していた。その後、SBWの4WS車に買い替えて、販売店からの帰路、4WSらしい運転感覚がまったく感じられなかっ

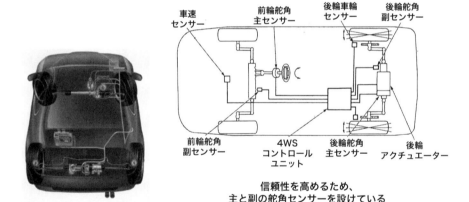

信頼性を高めるため、
主と副の舵角センサーを設けている

図10　ステアー・バイ・ワイヤー4WS 車のシステム
出典：『Data Dream Products & Technologies1 948-1998』HONDA R&D
出典：ホンダ車整備資料

140

たので、間違えて2WS車を受け取ったかと思って、後輪が動くのを確かめた思い
出がある。筆者は機械式4WSに愛着があったが……。

6-10　SBW化のプロセス

進化の3タイプ

　操舵系のSBW化に立ちはだかる最大の障壁は、絶対に操舵不能が発生する事態
は避けなければならないという課題である。航空機では、システムを冗長化し信頼
性を大幅に向上して、操縦不能の確率をゼロ近くまで小さくするという手法が選ば

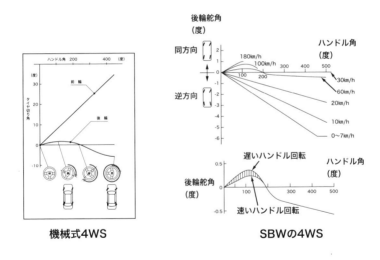

機械式4WS　　　　　**SBWの4WS**

図11　ステアー・バイ・ワイヤーによる4WS後輪制御則の進化
出典：『Dream 2　創造・先進のたゆまぬ挑戦』　本田技術研究所
出典：T. Kohata et al. "Electronic Control Four-Wheel Steering System" AVEC '92 Yokohama

れている。自動車のSBWへの進化過程には、三つのタイプが存在するという予測がある（図12）。

差動歯車機構

　タイプⅠは、既に一部のクルマで行われているシステムで、ハンドルと操舵歯車箱の間に差動歯車機構（図13／第5章図34）を設け、ハンドルの回転角をモーターで増減して、タイヤの転舵角を制御している。この機構では、タイヤ転舵角はハンドル角に対して自由に制御できるが、タイヤからの力はハンドルに伝わるので、操舵力の自由な制御はできない。故障でモーターが動かなくなっても、通常の操舵が可能である。

バックアップ機構

　タイプⅡは、ハンドルと前輪転舵機構との間に、バックアップのクラッチを設け、通常時はクラッチを解放してSBWで制御するが、故障が発生するとクラッチを結合して、従来の操舵系に戻るシステムである。これは、操舵力はモーターで、前輪舵角は転舵機構で、それぞれ独立に制御できるので、タイプⅠより制御の自由度が拡大する。しかし、故障時には従来の操舵機構に戻るので、従来の制御則と大きく異なる制御則、例えば方位ハンドルなどは、ドライバーのとっさの対応が難しいので、使うことができない。

冗長系

　タイプⅢは、タイプⅡのバックアップ機構を取り除いたシステムである。信頼性を確保するため航空機と同様の冗長系の採用が必要になるが、故障の発生を考慮する必要がなくなるため、いかなる制御則の適用も可能となる。また、従来からの丸ハンドルを継承する必要もなくなるので、サイドスティックなど、自由な操舵入力機構の導入も可能になる。

信頼性目標

　以上のように、操舵系に現行を超える機能や性能の向上を求めれば、タイプⅢSBWを採用し、システムの信頼性を極めて高くする必要がある。しかし、信頼性がいくらであれば前輪のタイプⅢ SBWの実用化が可能なのか、その信頼性目標の設定も困難な課題である。

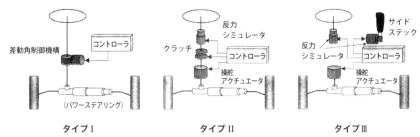

図 12 操舵系の進化の形態
出典：山本廉夫「ステアバイワイヤと車両運動制御」『自動車技術』Vol.57、
No.2、2003　自動車技術会

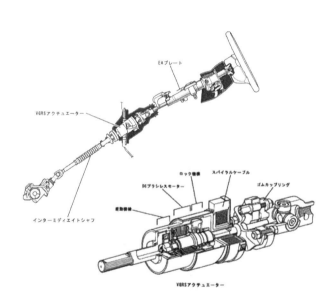

図 13　実用化されている差動歯車機構を使用するタイプ I の例
出典：「可変ギヤ比ステアリング」『トヨタ自動車 75 年史』トヨタ

6-11　タイプⅡ SBW の実用化

3重制御系とクラッチ

　2013年、完全なSBWに一歩近づく、タイプⅡシステムの量産車を、我が国のメーカーが世界に先駆けて海外で販売を開始した。このシステムでは、制御系失陥には3個のコントロールモジュールを備えて多数決による判断で対応し、電源失陥時には、ハンドルと転舵機構を結ぶ軸に設けられたクラッチを接続することで、機械式操舵系に戻る。したがって、ハンドルとステアリング・シャフトは存続している（図14）。

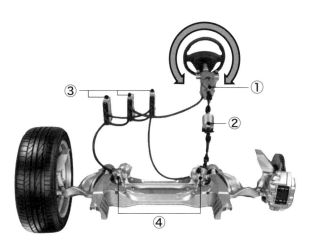

①人工反力作成モーター　②バックアップクラッチ
③コントロールモジュール　④転舵用モーター

図14　機械式バックアップ機構を備えるタイプⅡ SBW の構成
出典：日産

路面反力の遮断

これはタイプⅡSBWに共通の制約であるが、故障時には従来の操舵系に戻るため、従来と大きく異なった制御則を導入することはできない。したがって、操舵力と機敏さをドライバーの好みで選択できることと、路面からの振動やショックがなくなり別次元の操舵感覚が味わえることを、主たるセールスポイントとしている。

人工反力の創成

このシステムでは、クラッチが切りとなっている正常時には、路面の凹凸のショックや舗装の乱れによる振動、横勾配によるハンドルの取られなどは完全に遮断される。理想の平滑平坦路面でのタイヤの力をシミュレートした指令が、ハンドルに接続するモーターに伝えられ、ドライバーはそれを手応えとして感じる。10年に及ぶ研究開発期間の70%が、操舵感覚のチューニングに費やされたと伝えられている。

操舵力と効きの選択

このシステムでは、「手応え」と「敏感さ」を "標準／穏やか"、"標準／標準"、"重め／標準"、"重め／スポーティー" の4組のモードから選択できる。試乗記には「"標準／標準" のモードでは、ほとんどのドライバーがSBWの人工反力であることを気づかないだろう」とあるが、「自分のような専門家には、微妙な操舵感覚までは再現されていないと感じられる」との追記がある。

レーンキーピング

このシステムには車線を監視するカメラが含まれており、逸脱があれば自動的に車輪が転舵されて進路が修正される。一輪だけブレーキを使う方法や、タイプⅠSBWによるレーンキーピングは行われているが、このシステムは、「緩やかなカーブを含めて、最もスムーズに作動する」と報告されている。

6-12　丸ハンドルか、サイドスティックか

丸ハンドルの四つの機能

丸ハンドルに代わる装置は、丸ハンドルが果たしてきた機能をすべて継承するこ

とが望ましい。丸ハンドルは四つの機能を持っており、それが優れているため、自動車誕生後、試行の末に定着し使い続けられてきた。その四つの機能を確認しよう。

分解能と入力範囲の両立、操作力の調整

　高速走行では、クルマは前輪の切れ角を狭い範囲で微妙に調整しなければならない。一方、車庫入れなど、狭い場所での移動では、前輪を大きく転舵しなければならない。丸ハンドルは、1回転以上の回転が可能であるため、細かな分解能と広い入力範囲という、相反する要求に応えることができる。

　さらに、回転数を増せば操作力を軽減できる。

自由な操作姿勢

　ハンドルを握る位置は10時10分などと教えられるが、ドライバーの体型や運転姿勢によっては、楽で確実な操作ができる握りの位置に変えることができる。また、左右の手で同時にしっかり握る必要もなく、スイッチの操作や窓の開閉などの際には、どちらかの片手だけでもハンドル保持が可能である。丸ハンドルは扱い方に寛容である。

身体の支持

　乗員は、加減速や旋回で前後・左右に、悪路では上下に力を受ける。ドライバーはハンドルを支えにして身体の前後動を抑えることができる。左右の力に対しては、9時15分の位置近くで握れば、ハンドルを回転させずに上体を支えることができ、両手でハンドルを握れば、上下の力に対しても回転させずに全身の動きを抑えられる。丸ハンドルは、ドライバーの身体の支持にも有効に働いている。

航空機の要件

　航空機では、進路は道路ほど狭く限定されず、小さな半径での旋回もなく、細かな分解能と広い入力範囲が要求されないので、入力範囲が狭いサイドスティックにとっては有利である。航路は直進が長いので、常時サイドスティックを操作する必要がなく、手と握りの位置が限定されても負担は少ない。操作は、身体をシートで、腕をアームレストで支持して行う。こう見てくると、筆者には、自動車の要件は、サイドスティックは向いていないように思えるが……。

6-13　サイドスティックの研究報告

被験者は17歳

　この研究は、ゲームでのジョイスティック操作の経験はあるが、運転経験がない17歳を被験者として行われた。サイドスティックと丸ハンドルのグループが、それぞれ、信号に従う発進と停止、高速道路での車線変更と横風を受ける追越し、先行車への追従、緊急時の対応など、2時間練習した。

左右にサイドスティック

　ドライバー席の両側に設けられたサイドスティックは、左右に20度まで傾けて操舵を行い、前後には動かないが、力で加速と制動の指令を入力する（図15）。これらのセンサー類は多重にして冗長性を備え、速度の上昇と共に、過大入力を防ぐために感度が下げられる。

図15　研究車のサイドスティック
先端部に方向指示器とホーンのスイッチもある。
出典：www.sae.org/automag/techbriefs_03-00/05.htm

操舵と制動のタイミング

　両グループとも運転技能の習得の速さに違いはなかった。しかし、サイドスティックのグループでは、操舵と制動を同時に行う傾向があるのに対し、丸ハンドルのグループでは、どちらかを先にして、時間差を付けて行う傾向があった。

丸ハンドルに劣らない

　そのため、丸ハンドルのグループ32名中の8名は、実走行では衝突回避の対応が遅れて、事故を起こすと予想された。それに反し、サイドスティックのグループでは、事故を起こすと予想される者は一人もいなかった。結果は、サイドスティックによる運転は、操縦能力と、運転の安全性と快適性で、丸ハンドルに劣らないということを示唆している。

楽で速い車庫入れ

　この研究は、ダイムラー・クライスラーが試作した研究車（図16）を使い、研究車をそのまま載せることができる大規模なシミュレーターで行われたもので、車庫入れなどの低速での運転試験は行われていない。しかし、操舵ギヤ比と操舵力が可変で、運転条件に適応できるので、サイドスティックを使えば、丸ハンドルよりも楽に速やかに操縦できる、と主張している。

実用化の計画ない

　しかし、会社幹部は、「技術的な問題はなく利点は多いが、実用化の課題はコストとユーザーが受け入れるかだ。サイドスティックは若者とハイテックマニアが受け入れるだろうが、最初は道路清掃車や営林車、少量生産のスペシャリティーカーになるだろう。量産車への適用計画はない」と述べている。

図16　研究車の運転席
出典：www.sae.org/automag/techbriefs_03-00/05.htm

第 7 章
直接ヨーモーメント制御と駆動技術

7-1　前輪駆動と後輪駆動

後輪駆動車のハンドブレーキターン

　伝説的なラリードライバーのエリック・カールソンは、方向転換のテクニックであるハンドブレーキターンの方法を次のように説明している。

　「後輪駆動車では3つのアクションで行う。まず、右手を激しく振り下ろすように鋭くハンドルを回す。同時にクラッチを踏んで左手でハンドブレーキを引く。こうすると、後輪がグリップを完全に失って、クルマは方向を変え始める。目指す方向を向いたらブレーキをゆるめて、再びクラッチをつなげる」。

前輪駆動車のハンドブレーキターン

　「このテクニックに熟達した人は、自分の選んだどの方向に向けてもクルマを止めることができる」「前輪駆動車では、ハンドブレーキターンを完了するためには、2つのアクションですむ。クラッチには触れる必要はない。ハンドルを鋭く回してハンドブレーキを引き、加速を続ければよい」「どちらの場合も、車速は時速25～40キロでなければならない」。

前輪駆動の長所

　前輪駆動の好きな本田宗一郎氏は「前輪駆動と後輪駆動の違いは、モノを移動させる際、引っ張るのと押すのの違いだ。モノは押すとあらぬ方向を向いてしまうことがあるが、モノは引っ張れば必ず正しくついてくる」と説明していた。確かに、前輪駆動車は真直ぐ安定して走ることは得意であり、すべりやすい路面でも初心者が安心して扱える。しかし、急発進は、前部が浮き上がり前輪の接地荷重が減るので、前輪が空転しやすく得意ではない。

後輪駆動の長所

　乗用車市場では、現在、前輪駆動車が大多数を占め、後輪駆動車は一部の高級車やスポーツカーなどに限られる少数的存在になった。後輪駆動車は、複雑な連続コーナーを、テクニックを駆使して自在に通過する楽しさを味わうことができる。一方、路面が濡れていたり積雪がある場合、特に大馬力車は、発進時には後輪が空転し易く、走行中も挙動がアクセルペダルの操作に敏感に反応するため、スピンを起こし易いので運転経験の少ないドライバーには扱い難い。

7-2 横すべりの防止

ブレーキの片利き

　筆者は、1960年に就職した会社で、二人乗りの魅力的なオープンカーの試作車に試乗する機会があった。事前にブレーキの片利きを注意されてはいたが、軽くペダルを踏んだだけで道路から飛び出しそうになった。とっさにブレーキを弛めてハンドルで進路を修正して、なんとか転落を免れた。片利きは、ブレーキがドラム式だった当時は珍しくなく、事故の原因にもなっていたが、ディスクブレーキの普及で解消した。

直接ヨーモーメント制御

　近年、左右のタイヤの前後方向の力を、意識的に、ブレーキの片利きのように差をつけることで、クルマの向きを制御する「直接ヨーモーメント制御」技術が出現した。"ヨー"とはクルマの向きであり、"ヨーモーメント"とは向きを変えるシーソーの回転力を意味する。クルマの向きを変えるには、ハンドルを回して前輪タイヤにコーナリングフォースをつくり出す必要があるが、ハンドル操作をせずに向きが制御できる手法なので、"直接"という接頭語が付いている。

横すべり防止の発想

　横すべりによる事故は、タイヤの摩擦力の限界を超える求心力が要求される激しい進路変更で発生する。しかし、事故が起こる瞬間は、すべてのタイヤが同時に摩擦力の限界に到達しているわけではない。タイヤが一つでも限界に達すれば、横すべりが発生し、スピンやプラウに陥る。しかし、残る三つのタイヤには、まだ摩擦力を増やす余地が残されている場合が多い。この残されたタイヤの摩擦力で直接ヨーモーメント制御を行い、事故を防ごうというのが横すべり防止の発想である。

横すべり防止の方法

　横すべり防止の方法を後輪に横すべりが発生した場合で説明する。この時は、前輪タイヤの摩擦力はまだ限界に達していないので、接地荷重が大きく、摩擦力の限界までの余裕が大きい外側前輪にブレーキを掛ける。すると、外向きのヨーモーメントで、後輪がカーブの外側にすべり出す内向きの回転を抑え、同時に、車速を低下させるので、スピンが回避される（図1、図2）。

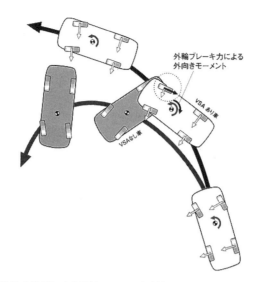

図1　横すべり防止装置による直接モーメント制御
外側前輪の ブレーキ による 外向きヨーモーメントで、後輪すべり出 しによる 内向きの回転を抑え、同時
に、車速を低下させ て 、スピン を 回避する。VSA は横すべり防止装置の本田技研工業の名称である。
出典：『 DATA DREAM Products & Technologies 1948-1998 』HONDA R&D

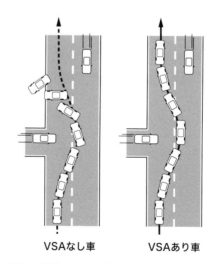

VSAなし車　　　　　VSAあり車

図2　横すべり防止装置の効果
VSA は横すべり防止装置の本田技研工業の名称である。
出典：『 DATA DREAM Products & Technologies 1948-1998 』HONDA R&D

7-3 横すべり防止装置（1）

教習所の指導員

　横すべり防止システムは、教習所の指導員と同じような役割をすると考えればわかり易い。運転指導の際、同乗する指導員の頭の中には適切な目標コースが記憶されており、常に、クルマの動きを目標コースと比較している。もし、両者の違いが大きくなれば、教習生の運転に介入し、ブレーキを踏んだり、場合によってはハンドル操作に手を貸す。

ドライバーの意志

　横すべりの防止装置では、「車速」と「横加速度」と「ハンドル回転角」から、ドライバーの意図するクルマが向きを変える速さ（目標ヨー角速度）を、コンピューターで計算している。この値を、ドライバーの意思が反映された適切なクルマの運動だと仮定して、比較の基準として使用する。

介入の判断

　一方、クルマの進行方向の変化（ヨー角速度）は、ヨー角速度センサーでモニターすることができるから、その値を基準の値と比較する。両者の違いが小さい場合は、クルマはドライバーの意思通りに運動しているものと見なすが、違いが大きくなれば、クルマがドライバーの意思に反した危険な運動に入ろうとしていると判断する（図3）。

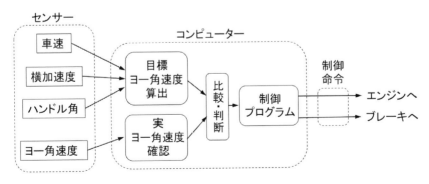

図3　横すべり防止装置の制御プロセス

横すべり防止の実行

　これがトリガーとなって、コンピューターがエンジンの出力を絞り、ブレーキ操作を開始する。どこの車輪にブレーキを掛けるかは、スピンに入りそうか、プラウを起こしそうか、どちらの向きに車体が回転するかに応じて、プログラムで決められている片利きブレーキで、外向きか内向きの回転力をつくる。

システム構成

　横すべり防止装置の構成要素は、センサーとコンピューターとアクチュエーターである（図4）。車速センサーとブレーキのコンピューターとアクチュエーターは広く普及しているブレーキのアンチロックシステム（ABS）に備わっており、ハンドル角センサーとエンジンのコンピューターは別の目的で用意されているクルマが多い。新たに必要となる横加速度とヨー角速度のセンサーとプログラムは高額なものではない。横すべり防止装置の普及が急速に拡大しているのは、装置導入のためのコストアップが比較的少ないことが後押ししている。

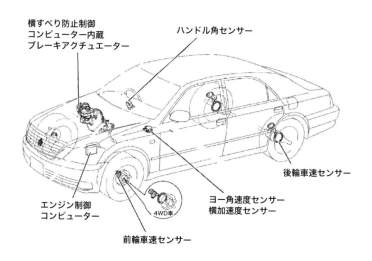

図4　横すべり防止装置の構成
出典：自動車技術会編『自動車技術ハンドブック 5 設計（シャシ）編』自動車技術会

7-4 横すべり防止装置（2）

安全性能の確認

　自動車の安全技術が、実際の交通環境でどの程度事故防止や傷害軽減で効果を上げているかを確認することは容易ではない。厳密には、同一モデルのクルマを多数用意して、安全装置有り群と無し群に分けて、それぞれを同一のドライバーグループに同一の道路環境で長期間走行して貰って、そこで発生する事故数、傷害程度を比較する必要があるが、それは不可能である。

横すべり防止装置の効果

　横すべり防止装置の場合には、導入当初、装置の有り無しの同一モデルが併売されたことがあり、それらの走行実績から、比較的信頼できる安全効果のデータが報告されている（図5）。その内容は、調査対象車群中で、第一当事者になったクルマについて、単独事故と正面衝突事故の発生率及び破損程度毎の事故発生率を装置の有り無しで比較したものである。どちらの事故形態でも事故発生率は2/3程度に、特に、正面衝突での大破事故発生率は1/3程度に減少し、顕著な効果が確認されている。

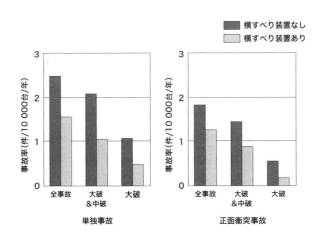

図5　横すべり防止装置の安全効果
出典：阿賀、岡田「事故データをもとにしたVSCの有効分析」『自動車技術』Vol.57、No.12、2003 自動車技術会

リスク・ホメオタシス説

　このように、明らかな効果がある安全技術ではあるが、自動車メーカーはそれを積極的に宣伝しているようには見えない。その理由は、「リスク・ホメオタシス説」と無関係ではない。これは、人は、リスクが減ったことがわかれば、その余裕を保たずにリスクが以前と同程度になるように、危険に近づく行動をするようになる、という説である。

安全対策が裏目に

　車線幅が30センチ広がる毎に走行速度が時速2キロ高まる（オーストラリアの調査）。ABS装着車の方がスピードを出し車間距離を詰めるので事故が多い（独ミュンヘンのタクシー）。最新の安全運転教育を受けた高校生の方が、運転を親から習った高校生より事故率が高かった（米ジョージア州）。ここに挙げた例はリスク・ホメオタシス説を裏付けており、安全関係者にとっては悩ましい問題である。

横すべり防止装置の名称

　このような事情もあるのか、横すべり防止装置の名称はわかり難く、メーカーによってまちまちであった（図6）。国際的な共通名はESC（Electronic Stability Control）で、国内では横すべり防止装置となっている。

ESP	アウディ、ベンツ、BMW、VW、スズキ
VSC	トヨタ
VDC	スバル、日産
VSA	ホンダ
DSC	マツダ、フォード
ASC	三菱
DVS	ダイハツ

図6　横すべり防止装置の名称
国際的な名称は ESC (Electronic Stability Control)。

7-5 駆動力左右配分制御

手漕ぎボート

　手漕ぎボートには舵はない。一方のオールに力を入れて大きく水を掻き、推進力にアンバランスをつくって曲がる。これは直接ヨーモーメント制御である。このことから、自動車でも、駆動力を左右で変化させれば進路の変更が一層容易になることに気付く。しかし、実際にそれが行われるようになったのは最近である。自動車には、それが簡単にはできない事情があった。

差動装置

　四輪車では、旋回時、外側の車輪の軌跡は、内側の車輪より半径が大きくなる。したがって、外側車輪は内側車輪より速く回らなければならないから、左右の車輪を一本の車軸に固定することはできない。固定もせずに回転力を伝達するという厄介な課題を解決するために駆動輪で使われてきた機構が、通称"デフ"と呼ばれる「差動装置」（図7）である。

図7　差動装置の機構と作動原理
エンジンからの回転力は、平歯車から中央の傘歯車（×印）を通じて、左右の軸に等しく配分される。一方の軸の回転が遅くなると、中央の傘歯車が回転して他方の軸をその分だけ速く回すので、左右の軸の回転数の平均が常に平歯車の回転数と同一になる。

等しい駆動力

差動装置の機能によって、内外輪の回転数の和はエンジンからの回転数に比例するが、内外輪の回転数の割合には制約がなくなる。そのため、旋回時には、内輪が回転数の一部を外輪に与えるので、スムーズな走行が可能になっている。しかし、代償として、駆動力の左右輪への配分は常に等しくなってしまうので、ボートのような器用なことはできなかった。

駆動力左右配分

1996年、前輪駆動車で強制的に左右の回転数を変えて駆動力に差をつけることが初めて実用化された（図8）。これは、差動装置を跨いで歯車列を設け、旋回時にそのクラッチを接続して、左或いは右の車輪の回転数を15％高め、その車輪でより大きな駆動力を発生させる。さらに、クラッチを適度にすべらせることで、駆動力配分の微調整も可能になる。

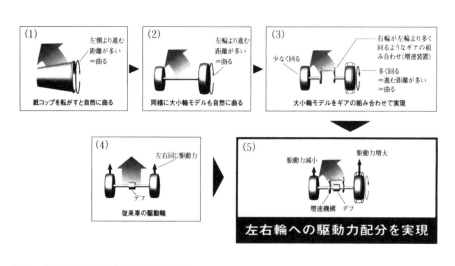

図8　左右駆動力配分システム の 原理
この図では、クラッチと左側車輪の増速機構が省かれている。
出典：ホンダ

配分制御の二次的効果

　旋回時には、内輪タイヤでは接地荷重の減少で摩擦円の縮小が起こる。それでも、差動装置によって内輪タイヤに外輪と等しい駆動力が伝わるので、前向きと横向きで限られた力を奪い合い、横向きのコーナリングフォースが減少する。駆動力左右配分制御を行えば、内輪の駆動力を小さくできるので、この減少を防ことが可能となり、前輪駆動車の旋回性能がさらに向上する。

7-6　四輪駆動の歴史（1）

四輪駆動蒸気車

　初めての人工動力の移動機械であったキュニョーの蒸気三輪車は前輪駆動であったが、その後実用化された蒸気自動車も初期のガソリン自動車も後輪駆動であった。しかし、早くも1824年には四輪駆動（4WD）の蒸気自動車が英国でつくられていたことが確認されている。その開発意図を記す文献はないようだが、鉄板を巻いた木製車輪が、石畳の凹凸で空転して走行不能になることの対策であったと推定されている。

タイトターン・ブレーキング

　4WDで解決しなくてはならない課題は、前輪と後輪の回転数差の解消である。運転実技教習で脱輪の原因になる「内輪差」の存在でわかるように、クルマは低速の旋回では、前輪より後輪が小回りする。そのため、前輪が後輪より速く回らなければならないので、単純に前後の差動装置を軸でつなぐと、駆動系内部に回転数差が蓄積して大きな力となって、俗に言う前後輪の"喧嘩"が起って、クルマの進行を妨げる。これが「タイトターン・ブレーキング」である。

オーバーランニング・クラッチ

　この解決策は幾つかある。上で紹介した蒸気自動車では、喧嘩が起らないように、回転が後輪から前輪には伝わるが、前輪から後輪には伝わらない、自転車にもあるオーバーランニング・クラッチが使われている。これは、後輪が問題なく地面をグリップしている時は、前輪は勝手に自分のペースで先廻りをして転がっていくが、後輪が空転すると、速くなった回転が前輪に伝わり、前輪が駆動力を発揮する

仕掛けである。

ホイール・イン・モーター

　次に出現する4WDの形式は、1900年にオーストリアでつくられた、モーターを各車輪内に組み込んだ「ホイール・イン・モーター」の4WD車である。この形式はタイトターン・ブレーキングとは無縁である。21世紀の現在、環境対策のホープとしてもてはやされている電気自動車が、実は、19世紀末には、誕生直後の頼りないガソリンエンジンをしり目に活躍していた。このクルマは、電気に興味をもっていた若きポルシェが、ダイムラー社に引き抜かれる前に在籍していたローナ社で開発したもので、モータースポーツでも実績を遺している。

7-7　四輪駆動の歴史（2）

電気自動車の衰退

　ポルシェがオーストリアのメーカーで実用化した、モーターを4つの車輪にそれぞれ内蔵したハイブリッド電気自動車は、車輪間の駆動力の伝達機構が不要となり、前後・左右輪の回転数差の問題もない理想的な4WD車であった。しかし、ガソリンエンジンの開発が進み、信頼性が向上し容易に大出力が得られるようになると、重い電池を積む電気自動車は衰退し、このホイール・イン・モーター4WD車も消滅した。しかし、電気自動車が環境対策として期待されるようになった現在、この方式はふたたび注目されている。

フルタイム四駆

　2WD車で左右の車輪をつないでいる差動装置を、4WD車の前後輪の間にも入れれば"喧嘩"を解消することができることは容易に思い付く。事実、この方式の乗用車、"スパイカー"が早くも1903年にオランダでつくられている。この方式はいかなる路面でも4WDで走行できるので「フルタイム四駆」と呼ばれるが、どこかの一輪が空転すると全車輪の駆動力が失われるので、それを防ぐために差動装置の機能を殺し前後を直結する「デフロック」が必要になる（図9）。

パートタイム四駆

　一方、前後輪を、クラッチを介して連結し、車輪が空転し易く回転数差が解消する積雪路や凍結路や不整地を走行する際には4WDとするが、グリップが良く前後輪で"喧嘩"が起る舗装路面を走行する場合には、クラッチを切り離して二輪駆動（2WD）とする方式が、軍用車や作業用車両で使われるようになった。この方式は、「パートタイム四駆」と呼ばれている。

四輪操舵四駆

　前後輪の回転数差を発生させない方式も現れた。第3章の3-7で紹介した1937年に開発されたメルセデス・ベンツの多用途オフロード車"G5"である。このクルマは、前後輪が常に等しい角度で逆方向に転舵される四輪操舵（4WS）車なので小回りができ、しかも、低速での旋回では、前後輪の軌跡がほぼ一致して回転数差が無視できるので、前後輪間は差動装置が省略され直結されている。しかし、この4WS方式は、高速での安定性が悪化するので乗用車などの高速車両には適用できず、あだ花として技術史に名を留めるばかりである。

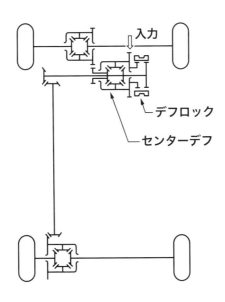

図9　フルタイム四駆 の構成
前後輪の間に設けられた第三の差動装置はセンターデフと呼ばれる。

7-8　四輪駆動の歴史（3）

"アウディ・クアトロ"

　フルタイム4WD車は1903年の"スパイカー"以降は続かず、パートタイム4WD
が作業用車両、軍用車両で使われていた。ところが、1980年に独アウディ社が、
コンパクトな1.3/1.6Lのファミリーセダン"80"に、インタークーラー付きターボ
5気筒200馬力のエンジンを搭載し、そのパワーを確実に路面に伝えるためにフル
タイム4WDを採用した精悍なスポーティースタイルの"クワトロ"という名前の
乗用車を発表した（図10）。

ラリーは4WD

　これは、アウディ社のアイデンティティーを確かにするために企画されたもの
で、翌1981年から世界ラリー選手権に参戦した。そして、早くも2戦目に優勝し、
第8戦では女性ドライバーに世界初の記録となる優勝をプレゼントするという、劇
的なデビューを果たし、センセーションを巻き起こした。1982年、1984年にメー
カータイトルを獲得し、ラリーは4WD車でなければ勝てないという認識をつくり
上げた。

図10　アウディ・クワトロ
"クワトロ"とはイタリア語で「4」を意味する。

生活四駆

しかし、この快挙があっても4WD車が一般に広く普及することはなかった。4WD車は、2WD車と比較して重量増加が大きく、値段もかなり高くなることがその理由だった。ところが、1987年頃から簡易的な軽量4WD方式が出現し、小型乗用車や軽乗用車、軽トラックに組み込まれて、雪国の足を確保する「生活四駆」として一気に普及が進んだ。

ビスカスカップリング

それは、多数の円盤を交互に水あめのような粘性の高い液体に浸し、その粘性で動力を伝える「ビスカスカップリング」で前後輪をつなぐ4WDである（図11）。機構がシンプルなので重量も軽く、コストも安い。後輪の回転が前輪より遅くなると、自動的に粘性で後輪の回転が速められることで4WDとして働くが、機械的に結合されていないので、旋回時の喧嘩は緩和される。

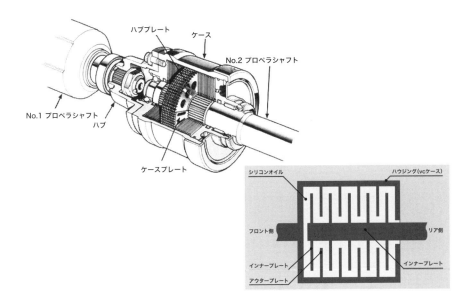

図11　ビスカスカップリングの構造
出典：『 Data Dream Products & Technologies 1948-1998 』HONDA R&D

軽量四駆の完成

しかし、ビスカスカップリングには、小さい回転数差でも比較的大きな回転力が伝わる性質があり、小回りの際、わずかだがタイトターン・ブレーキングが発生し、スムーズ感が損なわれるという欠点があった。これを解消したのが「デュアルポンプ式」で、これによって、パートタイム四駆の自動化版である軽量四駆は完成の域に達した。

7-9 四輪駆動の歴史（4）

走行抵抗の増加

小さい回転数差でも比較的大きな回転力が伝わる「ビスカスカップリング」は、タイトターン・ブレーキングを完全には解消できず、燃費へも悪影響を与える。前後のタイヤの半径には差があるのが普通なので、回転数差をタイヤのすべりで吸収することになり、タイヤが走行に必要な駆動力以上の力を発生する。その増加分が損失動力となるので燃費を悪化させる。

ABSとの干渉

アンチロックブレーキシステム（ABS）は、制動時、ロックしそうになる車輪のブレーキ力を弱めて回転を回復させ、タイヤの路面へのグリップを維持させる機構である。4WDでは、前後輪の繋がりがあるため、特定の車輪の回転をブレーキ力で制御することが困難になる。ABS作動時は、前後を切り離すことが望ましいが、ビスカスカップリングでは完全に切り離すことができない。

前後に油圧ポンプ

これらの問題を解決したのがデュアルポンプ式4WDである。前輪の回転で駆動される油圧ポンプの吐出油を後輪の回転で駆動される油圧ポンプで排出し、前輪のポンプ回路に発生する油圧でクラッチを押しつけて回転力を伝達することで、駆動力伝達特性を走行条件に応じて変化可能にした。

伝達特性のチューニング

通常走行中は、二つの油圧ポンプの流量が等しいので、前輪のポンプ回路に油圧

は発生せず、クラッチは切れており、後輪には駆動力は伝わらない（図12左）。発進や加速時には前輪の回転が速くなるので、前輪のポンプの吐出量が増えて、後輪ポンプによる排出が間に合わず、油圧が上昇してクラッチを押しつけるので、駆動力が後輪にも伝わり四駆になる（図12右）。油圧の上昇特性は、前後の油圧ポンプの性能や、弁やオリフィス（絞り）で調整することができ、望ましい特性の自動パートタイム四駆の実現が可能となった。

軽量コンパクト

　日常の走行ではスポーツ走行と異なり、後輪には大きな駆動力は必要ない。この方式では、最大油圧を設定することで過大な駆動力が伝達されるのを防ぐことができ、後輪駆動系の負担が低減し、軽量化・小型化が可能になるという大きなメリットも生まれた（図13）。

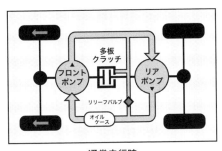
通常走行時

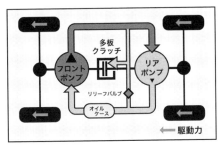
発進・加速時など

図12　デュアルポンプ式4WDの作動
リリーフバルブで伝達駆動力の上限を設定する。
出典：『Data Dream Products & Technologies 1948-1998』HONDA R&D

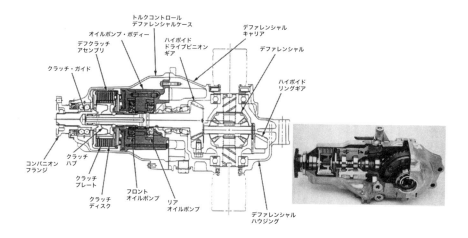

図13　デュアルポンプ式の構造
すべての機械要素を終減速機構と一体に組込み、小型・軽量化に成功している。
出典：『Data Dream Products & Technologies 1948-1998』HONDA R&D

7-10　スーパーハンドリング4WD（1）

駆動力によるコーナリングパワーの低下

　タイヤは二つの仕事を同時にこなすことは苦手で、横向きのコーナリングフォースをつくっている時に、前向きの駆動力をつくらされると、横向きの力を減らして辻褄を合せる。これは、見かけ上、タイヤのコーナリングパワーが低下したことに相当する。（図14）駆動力が大きければ大きいほど、コーナリングパワーの低下は著しい。

パワーアンダーステアー

　前輪の駆動力が大きくなると、前輪タイヤのコーナリングパワーの低下が大きくなり、カーブでクルマが外を向こうとする「アンダーステアー」の特性が現れる。アクセルを踏み込んでエンジンパワーを増す際に発生するこの現象は「パワーアンダーステアー」と呼ばれ、前輪駆動車に固有の性質である。

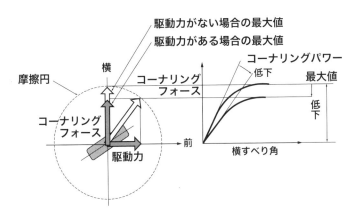

図14　コーナリングパワー に及ぼす駆動力の影響
駆動力は、その値に応じて、すべての横すべり角領域でコーナリング
フォースを減少させるので、コーナリングパワーが低下する。

パワーオーバーステアー

　後輪の駆動力が大きくなると、後輪タイヤのコーナリングパワーの低下が大きく
なり、旋回中に、後輪がカーブに沿って進めなくなって外側にはらみだし、クルマ
がカーブの内側を向く「オーバーステアー」の特性が現れる。アクセルペダルを強
く踏み込んで加速しようとする際に発生するこの現象は「パワーオーバーステア
ー」と呼ばれ、後輪駆動車に固有の性質である。

駆動力配分制御の基本

　駆動力配分制御は、このパワーアンダーステアーやパワーオーバーステアーの抑
制が基本となる。駆動力の付加でコーナリングパワーの低下は避けられないが、そ
の影響を最小限にとどめるため、前後輪タイヤのコーナリングパワーのバランスの
維持を目標とする。それには、各タイヤの摩擦円に比例するように、例えば、摩擦
円が大きくなる外側タイヤに多めに駆動力を配分すればよい。

スーバーハンドリング4WDの制御

　スーバーハンドリング4WDでは、基本の制御に加えて、旋回中は、アンダース
テアーを軽減するため、後輪の駆動力を増加して、前輪タイヤのコーナリングパワ

ーの低下を少なくする。加速力がさらに大きくなると、後輪の左右配分制御を開始し、旋回外側の車輪の駆動力を増加し、左右の駆動力のアンバランスを利用する直接ヨーモーメント制御で旋回を助ける（図15）。

2004年 世界初の技術は
ホンダ レジェンドに搭載された

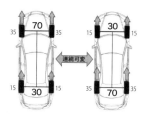

前後駆動力を
70:30〜30:70の
範囲で連続可変

後輪に配分された駆動力をさらに
左右へ 100:0〜0:100の
範囲で連続可変

図15　スーパーハンドリング 4WD の駆動力配分
出典：『 Dream 1998-2010 』本田技術研究所

7-11　スーパーハンドリング 4WD（2）

フィードフォーワード制御とフィードバック制御

　スーパーハンドリング 4WD の制御は、まず、ドライバーがクルマをどのようなラインで走らせようしているのか、ドライバーの意図を確認し、それに基づいた駆

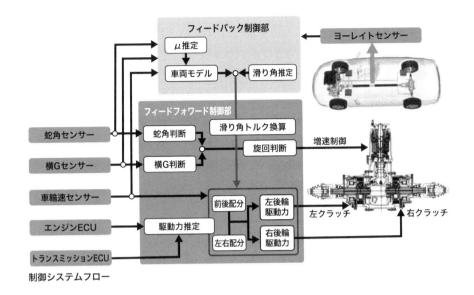

制御システムフロー

図16 スーパーハンドリング4WDの制御フロー
出典:『Dream 1998-2010』本田技術研究所

動力の配分を行う。これはフィードフォーワード制御である。次に、その結果であるクルマの動きを確認し、ドライバーの意図との差を最少とするように、配分を修正する。これはフィードバック制御である（図16）。

ドライバー意図の確認

ハンドル角とクルマの速度・横加速度・ヨー角速度の各センサーからの情報を基にドライバーの意図するカーブの曲率を予測する。すると、その進路で発生する遠心力が計算でき、クルマの重心高さと左右の車輪間隔のデータを使えば、外側車輪の荷重の増加と内側車輪の荷重の減少がわかるので、各車輪の摩擦円の大きさが推定できる。

駆動力配分

一方、配分する総駆動力は、エンジンの吸入空気量・回転数と変速機の変速状態から算出され、摩擦円の情報に基づいてそれぞれの車輪への駆動力の配分量が決定

される。それが後輪の増速機構と電磁クラッチに伝達され、フィードフォーワードで配分が行われる。その結果の走行状態が、車体関係のセンサーで確認されてドライバーの意図と比較され、その差が小さくなるように、フィードバック制御で駆動力配分の再調整が行われる。

スーパーハンドリング 4WD 車の性能

　極低速で旋回中にハンドル角を固定したまま、アクセルを全開して加速した場合のパワーアンダーステアーを、制御のない4WD車と旋回半径の変化を比較したデータを紹介しよう（図17）。スーパーハンドリング4WD車では、半径の増加率が半分程度に抑えられ、横加速度の限界が約26％も向上する。

車輪ごとのモーター

　日本が先鞭を付けた駆動力配分制御は、最近、世界的に行われ始めた。しかし、動力分配機構は大掛かりになるため、重量・コストの増加が大きく、一部の高級車に限られている。もし、車輪ごとのモーターで駆動される4WDの電気自動車が1世紀ぶりに復活することになれば、重量・コストの負担が少ない駆動力自在配分制御が可能になる。

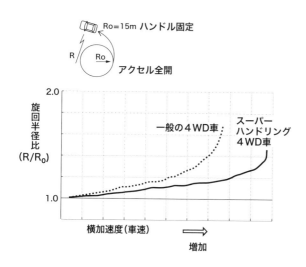

図17　スーパーハンドリング4WD車の旋回性能
出典：『Honda R&D Technical Review』Vol.16 No.2　本田技術研究所

第 8 章
止まる技術—ブレーキ

8-1　タイヤ—回転止めればただのゴム

ブレーキ力発生のメカニズム

　ブレーキペダルを踏むことは、タイヤの回転速度を落とすことであり、クルマから見て、トレッド面の後退速度（タイヤ周速）が路面より遅くなる。その結果、接地面先端で路面にグリップしたドレッドゴムは、移動量がタイヤより大きい路面によって、次第に後ろに引き伸ばされていく（図1）。この歪の量に比例した力で、トレッドゴムがタイヤを通じてクルマを後ろに引っ張る。これが、タイヤがブレーキ力を発生させるメカニズムである。

タイヤの鳴き

　路面速度とタイヤ周速の差が大きくなければ、トレッドゴムは、接地面の後端までグリップを続け、そこで路面から解放される。速度差が大きくなると、解放される前に歪による力が摩擦力に打ち勝って、トレッドゴムはすべり出して、元の位置に戻って歪のない状態になってしまい、「グリップ領域」だった接地面の後部に「すべり領域」が発生する。激しいブレーキングでのタイヤの「鳴き」は、このすべりから生ずる。

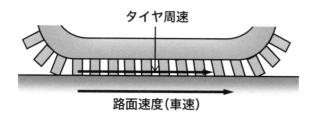

図1　ブレーキングでのタイヤトレッドゴムの挙動
路面とタイヤに速度差が発生するとトレッドゴムは、後ろに引き伸ばされる。

172

車輪のロック

　ブレーキ操作が激しくなって、速度差が大きくなるにつれて、すべりの始まる位置は前方に移動する。タイヤが回転を止めると、速度差は最大となって、接地面全域がすべり領域になる。この現象を車輪の「ロック」と呼び、タイヤは、もはやタイヤとしての機能を果たさない。タイヤは、ただのゴムの塊となり、コーナリングフォース発生能力はゼロになる（図2）。接地面は、グリップ状態の静摩擦から、すべりの動摩擦に変わり、ブレーキ力は低下する。

ブレーキングは危険な運転操作だった

　激しいブレーキングはロックを起こす可能性が高い。進路を変える役割の前輪がロックすると、ハンドルを回しても向きが変わらず、衝突を避けることができなくなる。クルマの安定を維持する役割を持つ後輪がロックすると、その務めが果たせなくなり、クルマは尻を振ったり、スピンして、最悪の場合は転倒する。このような理由で、以前は、激しいブレーキングは危険な運転操作だった。

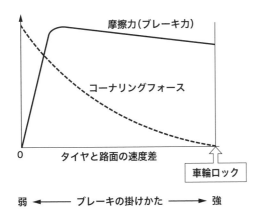

図2　ブレーキングの強さとブレーキ力とコーナリングフォースの関係
ブレーキ力を発生させるとコーナリングフォースは減少する。
カーブでブレーキを掛けることが安全上好ましくない理由である。

8-2　ブレーキ性能の今昔

ブレーキ性能

　ブレーキ性能は「停止距離」が目安となる。しかし、停止距離の定義は、ドライバーがブレーキを掛けようと思ってから減速を開始するまでの「空走距離」と実際にブレーキが働いて減速する「制動距離」の合計である（図3）。そのため、厳密にはブレーキ単独の性能を表わすものではない。しかし、正式な記録の場合は、プロのドライバーがテストをするため、空走距離はかなり短いと考えられるので、ここでは停止距離を性能の指標とみなすことにする。

昔18m、今4〜5m

　1902年に米国の自動車クラブが何台かのクルマの停止距離を測定した記録がある。それによると、初速が時速32キロでの停止距離は平均18mだったと報告されている。現在のクルマのデータでは、時速100キロからの停止距離が40〜50mである。これを時速32キロからの値に換算してみよう。停止距離は、ほぼ初速度の二乗に比例するので、大雑把に $(32/100)^2 \fallingdotseq 0.1$ だから4〜5mとなる。

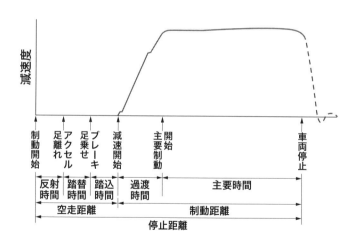

図3　停止距離の構成
「停止距離」は「空走距離」と「制動距離」からなる。
出典：自動車技術会編『自動車技術ハンドブック1基礎・理論編』自動車技術会

昔時速32キロ、今50キロ

　昔に比べて、現在のクルマの停止距離は約1/4になっている。それでは、現在のクルマが18mで止まることのできる初速は何キロだろうか。現在のクルマの停止距離の平均45mから同様な計算をすると、答えは、ほぼ時速50キロとなる。1世紀の間のこの性能向上は、ドライバーにとって大いに喜ぶべきことである。

後輪だけのブレーキ

　何がそのような進歩をもたらしたのだろうか。タイヤのグリップ性能の向上もあるが、最大の要因は、ブレーキが前輪にも付けられたことである。実は、自動車が実用化されてしばらくは、ブレーキは後輪だけにしか付けられていなかった。文献には、当時の未舗装路のぬかるみでブレーキを掛けると、後輪がロックして道から逸れるのは日常茶飯事で、ハンドル操作で事故を防ぐことにドライバーは慣れていた、と書かれている。

8-3　制動距離の短縮

路面摩擦係数

　制動距離は路面の摩擦係数に依存している。グリップの良い路面では短くなるし、すべり易い路面では長くなる。これは、運動のための力を摩擦に頼る自動車の宿命である。問題は、その摩擦をいかに効率よくブレーキングに利用するかである。車輪の回転を妨げる力（「ブレーキ力」）さえ大きくすれば、制動距離が短くなるように思われるが、それでは、車輪のロックが起こり易く、危険であるばかりか、制動距離も短くはならない。

ロック発生条件

　制動距離を短くするには、容易にロックしないクルマを設計する必要がある。路面がタイヤを回そうとする力は [摩擦係数]×[タイヤの接地力]であり、ブレーキ力がそれを超えるとロックする。前後の車輪にロック寸前のブレーキ力を与え、路面の摩擦を最大限に利用できれば、その摩擦係数での最短制動距離を実現することができる。

理想ブレーキ力配分

　しかし、それは簡単ではない。タイヤの接地力は、路面の摩擦係数で変わるからである。グリップの良い路面での強いブレーキングほど、前輪の接地力が増加し、後輪の接地力が減少する。これは、急ブレーキで、クルマがお辞儀をし、尻を浮かせることから理解できると思う。ロックを防ぎ、短い制動距離を得るには、前輪と後輪のブレーキ力の配分をこの摩擦係数の変化に合わせる必要がある。これを「理想ブレーキ力配分」と呼ぶ（図4）。

ブレーキ力の比例配分

　理想の実現が永遠の課題であることは、自動車の世界でも同じである。1920年代に4輪ブレーキのクルマが市販されて以来（図5）、しばらくは、前後輪のブレーキ力配分は比例的だった。それでは、強いブレーキングで、後輪がロックし易く、尻振りやスピンを起こして危険なので、後輪のブレーキ力配分を少なくせざるを得なかった。その結果、路面の摩擦を十分には利用できず、最短の制動距離からは程遠かった。

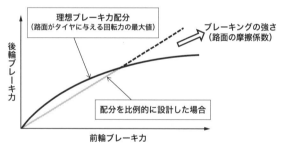

図4　理想ブレーキ力配分曲線
この理想ブレーキ力配分曲線から、ブレーキングでは後輪には大きな働きが期待できないことがわかる。

図5　1922年デューセンバーグ　A型クーペ
初めて油圧ブレーキを採用し、4輪ブレーキ車市販の端緒を開いた。
出典：SADAHIKO ASAI DATA BANK

176

8-4 理想制動力配分に迫る

リミティングバルブ

　ブレーキシステムは、踏力を油圧に変えて、その油圧を前後輪のブレーキ装置に導き、そこで再び力に変換して車輪の回転を妨げる構成になっている。そこで、ブレーキ力配分を理想曲線の内側に止めて後輪のロックを防ぐ工夫として、まず、後輪へのブレーキ油圧がある値に達すると、それ以上の油圧の上昇を止めてしまう「リミティングバルブ」が考案された（図6a）。

理想配分の変化

　このリミティングバルブは、理想制動力配分曲線の背が低い場合は、曲線にうまく添わせることができて、制動距離が短縮する。しかし、曲線はクルマによって変わる。重心が高いクルマでは曲線は背が低くなるが、重心が低いと背が高くなる。そのような場合にリミティングバルブを使うと、実際の配分と曲線との差が大きくなり、路面摩擦の利用が不十分になってしまう（図6b）。

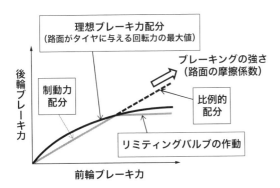

図 6a　リミティングバルブ の効果
リミティングバルブで後輪ロックを防ぎ制動力配分は理想に近づく。

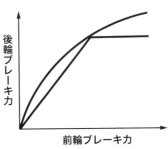

図 6b　リミティングバルブ の限界
理想制動力配分曲線の背が高いと実配分は理想から遠のく。

プロポーショニングバルブ

　そこで、背の高い曲線を持つクルマのために、後輪への油圧がある値に達した後は、油圧の増加割合を減少させる「プロポーショニングバルブ」が考案された。このバルブは、巧妙な構造で、油圧の減少割合を、クルマごとの理想制動力配分曲線に合わせて設定することができる。そのため、おもに乗用車に使われて、ロック防止と制動距離の短縮に成果を挙げている。(図7)。

トラックの配分

　トラックの制動力配分は、乗用車ほど簡単ではない。その理由は、空車と積車で重量変化が極めて大きく、理想制動力配分曲線が大きく変わってしまうからである(図8)。トラックでは積車時のブレーキ性能を重視せざるを得なかったので、空車時に後輪のロックが起こり易く、ブレーキングでの事故が多かった。しかし、上述の油圧制御バルブが開発されても、それをそのまま使うことはできなかった。

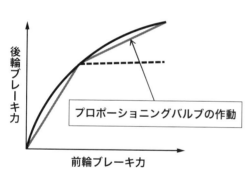

図7　プロポーショニングバルブの効果
理想制動力曲線の背が高くともプロポーショニングバルブで配分を理想に近づけることができる。

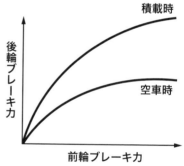

図8　トラックの理想制動力配分
理想制動力配分は積載条件で異なりトラックでは変化が著しい。

8-5　制動力配分の積荷対策とABSの出現

ロードセンシング・プロポーショニングバルブ

　プロポーショニングバルブでは、油圧バルブの中に組み込まれたバネの強さが、油圧の上昇率を低下させ始める値（「ニーポイント」）を決めている。そこで、後輪が支える荷重の情報をそのバネに伝えれば、ニーポイントを積荷に応じて変化させることができる。これを実現したのが「ロードセンシング・プロポーショニングバルブ」である。

荷重情報の伝達

　この方法では、積荷によって懸架バネがたわむことによる、後車軸と車体間の距離の変化を検出している。バルブのバネを押すレバーと後車軸の間をバネでつなげば、距離の変化が力の変化に変換されバルブに伝えられる。この工夫によって、ブレーキ配分を、積荷によって変化する理想曲線に追従して、常に沿わせることが可能となって問題は一件落着している（図9）。

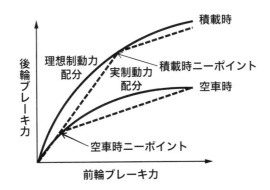

図9 ロードセンシング・プロポーショニングバルブの効果
ニーポイントを荷重に応じて移動させることによって、理想制動力配分曲線の大きな変化に対応が可能となった。

航空機の悩み

　車輪のロックは航空機ではもっと深刻だった。タイヤの接地面積が荷重に比較して小さく、着陸速度が速く摩擦係数が低くなるので、ロックは自動車より起こり易い。ロックすると、停止距離が延びるだけでも危険であり、タイヤのパンクや焼損が発生すると事故につながる。パイロットは、控え目にしかブレーキを使えず、長い滑走路が必要だった。この対策として、1950年代に、自動的にロックを防ぐシステム「ABS」が航空機で最初に実用化された。

マクサレット

　当時は電子技術が未熟だったので、機械的な手段が用いられ、車輪とともに回転するフライホイールが使われた。車輪の回転が急減速すると、フライホイールが慣性で回り続けようとして車輪との間に角度の差ができる。この動きで油圧を抜く弁を開いてブレーキ力を低下させ、ロックを防ぐ。英国のダンロップ社がこの装置を開発し、「マクサレット」という名称で航空機に使われた。

8-6　電子式 ABS の登場

乏しい信頼性

　航空機に使用された機械式のABSは、1960年代に英国の高級スポーツカー"ジェンセンFF"に採用された。このクルマは、"ファーガソン・フォーミュラ（FF）"と呼ばれる方式の四輪駆動で、スポーツイラストレイテッド誌から「世界で最も安全なクルマ」との評価が与えられた。しかし、ABSは信頼性が低く、普及の先駆けにはならなかった。

制御のための情報

　ABSでは、ロックを防ぐだけではなく、制動距離も短くしたい。それには、ブレーキを緩めたり締めたりする判断のための情報として、車輪の回転の急減速だけではなく、路面の後退速度（車速）とタイヤの外周速度との比率（「スリップ率」）が必要になる（図10）。機械式では、車輪回転の急減速の情報は得られても、スリップ率の情報は得られない。これが機械式の限界である。

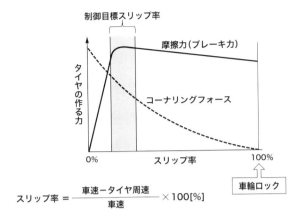

図10　ABSの制御
最大の摩擦力が得られ、コーナリングフォースも維持できるスリップ率を
目標に、ブレーキ油圧の増減が短時間で繰り返される。

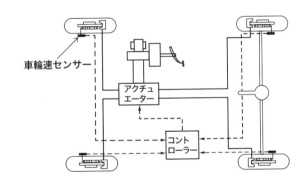

図11　電子式ABSシステム
コントローラーが、車輪速センサーの値を車速と比較してスリップ率を計算し、
必要な車輪へのブレーキ油圧の制御を、アクチュエーターに指令する。
出典：自動車技術会編『自動車技術ハンドブック1基礎・理論編』自動車技術会

電子式ABSの登場

　スリップ率は、電子技術を用いれば推定が可能となり、制動距離を短縮すること
ができる（図11）。1971年にクライスラー社が"シュアーブレーキ"という名称
で、初の電子式ABSを最高級車のインペリアルに注文に応じて搭載することにし
た。この扱いは、当時のABSがいかに高価だったかを物語っている。とは言え、

これは前輪も後輪も作動する理想的な「4輪ABS」で、滑りやすい路面での制動距離を40％も短縮する力作であった。

後2輪ABS

　続いて、ゼネラルモーターズが、コストを下げるために前輪の作動を省略した「後2輪ABS」を“トラックマスター”と名付けて、やはり最高級車のキャディラックにオプションで搭載した。ほぼ同時期に、わが国では日産が最高級車プレジデントに同様のシステムを搭載した実績がある。

　前輪ロックよりも後輪ロックが事故につながる可能性が高いので、後2輪でも、安全には一定の効果を期待することはできるが、制動距離はあまり短縮せず、普及するまでには至らなかった。ABSの普及が始まるには、その後20年以上の歳月が必要になる。

8-7　独創的な ABS の出現

集積回路の進化

　1970年代に入って、集積回路（IC）の集積度が高まり、電子回路はコンパクトになり、コストも下がってきた。これをABSに利用できれば、廉価な電子式ABSが開発できる。しかし、それには一つの障害があった。当時ICは、室内での使用を前提としたコンピューターの要素として開発されており、自動車のような高温で振動に晒される厳しい環境を前提としては作られていなかった。

フェイルセーフ

　ABSは、車輪のロックが予想される時に、油圧を抜いてブレーキ力を低下させる装置なので、万一、電子回路が故障して油圧を抜く信号が出っぱなしになると、ブレーキが利かなくなる。そのため、自動車での使用の実績がないICは、それが万一故障しても、絶対にブレーキの機能を失わないフェイルセーフの工夫がなければ使用することはできない。

背圧式ABSの登場

　この難問を解決して大衆車に搭載できる低コストの電子式ABSの実用化を可能

にしたアイデアが現れた。それは、油圧を抜かずに、別に用意した高圧の油圧でペダルを押し返してロックを防ぐ背圧式である（図12）。電子回路は、この押し返す補助回路の油圧を制御する役割を果たすだけなので、万一故障しても、主回路の油圧が漏れてブレーキが利かなくなる事態は回避できる。

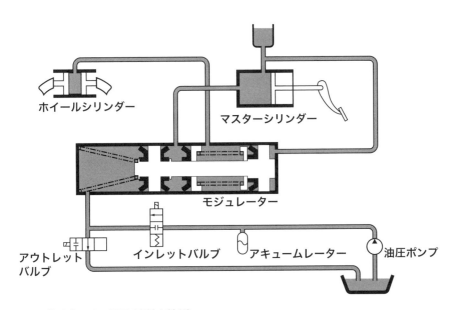

図12　背圧式 ABS の原理（車輪 1 輪分）
補助回路によってペダルを押し返してロックを防ぐので、制御系に故障が発生しても、主回路には影響が及ばない。
出典：『Dream 2 創造・先進のたゆまぬ挑戦』本田技術研究所

2チャンネル方式

　このアイデアは、1983年モデルのホンダ・プレリュード（図13）で、我が国初の4輪ABSとして実用化された。しかも、前輪では、制動距離を短くするためにロックの遅い車輪の情報に注目し、後輪では、スピンを防ぐために早くロックする可能性のある車輪の情報に注目して、左右輪を同時に制御する2チャンネル方式を採用するという、性能を維持してコストを下げる工夫もなされていた。この背圧式は、我が国のABS普及の牽引役を務めたが、車載ICの信頼性が確立した時点でその役割を終えている。

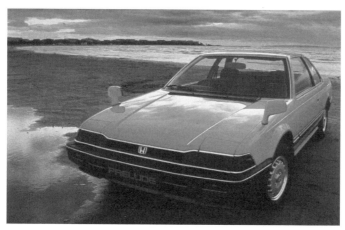

図13　1983年型ホンダ・プレリュード
スペシャリティーカーのジャンルで常識を塗りかえる月販13000台を記録した。
出典：『Dream 2 創造・先進のたゆまぬ挑戦』本田技術研究所

第 9 章
道路交通情報工学

9-1　初期の道路交通情報技術

V2X

2014年に米国運輸省は事故の大幅な減少を目指して、乗用車の車車間（V2V：Vehicle to Vehicle）通信機器搭載を義務付ける意向を発表し、V2I（I：インフラ）、V2P（P：歩行者）、V2M（M：モーターサイクル）などにも言及した、これらを総称してV2Xという。このような道路使用者同士あるいは道路インフラとの情報交換のアイデアは、「道路交通情報工学（RTI：Road Transportation Informatics）」に含まれ、新しいものではない。

RTIの始まり

出現当初には自由勝手に走行していた自動車は、増加と性能向上で衝突事故と渋滞を発生させた。対策として、警官が交通整理を行ったり、交通信号機が交差点に設置された。運転者には右左折の際に手信号による合図が義務付けられ、その後、方向指示器が装備されるようになった。これらは道路交通情報工学の原始的な姿であろう。

必要あれど開発困難

第二次世界大戦後、世界各地で道路の整備が限界に達し、さらに増加する自動車による都市部の交通渋滞が多数の事故と膨大な経済的損失をもたらすようになった。その対策として、進歩してきた無線通信技術を利用する情報伝達が注目されるようになった。しかし、発想はあっても、その実行には大規模な研究開発を必要とするため、容易には進展しなかった。

先進的な発想

1966年になって、「DAIR（Driver Aid Information and Recruting System）」と名付けられた交通情報提供・経路案内システムがGM（General Motors）から提案された。それは、目的地までの経路を打ち込んだパンチカードを装置に挿入しておくと、道路に埋設した磁石の情報で、前面のディスプレイに、直進・右左折の指示と、路傍の発信器からの速度制限や交通標識の情報が表示される。さらに、シチズンバンドの電波を使用する、緊急用のクルマ同士とセンター間の通信機能も用意されていた。

関心は宇宙開発へ

　これは、GPS（全世界衛星測位システム）が存在せず、通信ネットワーク技術が未発達で、コンピューターが巨大だった当時、現在のナビゲーションシステムとV2Xに近い機能を目指した野心的な提案だった。

　これが刺激となったか、続いて米国運輸省が車載装置による経路誘導システムの研究を始めたが、国家の関心はソ連と競争する宇宙開発に向かい、道路交通情報工学には長期間のブランクが発生する。

9-2　米国の道路交通情報技術開発

21世紀の交通

　1970年代に始まった米国の車車間・路車間通信技術開発の芽は、宇宙開発競争などの影響で摘まれ、その後空白期間が続いた。しかし、日本やヨーロッパの動向に危機感を抱いた人々が、1987年に"Mobility 2000"と名付けた会合を開いてこの分野の振興を提唱した。その結果1990年に、運輸省の諮問機関である"IVHS America"という組織が発足した。

総合陸上交通効率化法

　おりしも、ベルリンの壁崩壊を機に東西冷戦が終結し、軍備の負担が減少して財政の自由度が増し、国家戦略的な投資の対象として道路交通の知能化技術が浮上した。その結果、開発費を支援するとともに、1997年までに完全自動運転道路システムの実現を規定した"総合陸上交通効率化法"が制定され、車車間・路車間通信技術の産・官・学にまたがる開発体制が整った。

ITS America

　その後、この組織は「ITS（Intelligent Transportation Society）America」と名称を変え、交通流管理、旅行情報、車両制御など6分野で、数十のプロジェクトを各地で推進した。フロリダ州オーランド市では、高速道路管理センターや交通管理センターと連携する情報サービスセンターを設け、自動車と無線リンクを結び、車載ディスプレイにより、地図上の現在位置、目的地への経路誘導、ホテルやレストラン等の案内を行った。

自動運転から安全へ

　シカゴでは、カメラや、車両との双方向通信によりカープローブと呼ばれる車両をセンサーとする交通管制システムが実験された。さらに、自動運転のプロジェクトもあり、その技術開発は1997年の実証実験で完了し、活動の重点は、自動運転から交通安全へとシフトしていく。

通信技術開発

　その結果、追突防止、車線変更と合流での衝突防止、自車の位置と、隣接する車線の車両および後方車両の相対速度をモニターして衝突の危険を警報するシステム、交差点での自車の位置/車速と、近くの車両の位置/速度をモニターして警報するシステム、などに加え、路車間通信、車車間通信の研究、デジタル地図活用の研究、自動車メーカーと道路管理者間で共用可能な通信システムの構築など、通信技術を用いる安全対策の開発が進められた。

9-3　欧州の道路交通情報技術開発

プロメテウス計画

　ヨーロッパでは、1980年代に、各国が共同で先端的科学技術の推進を図る"ユウレカ"計画が進められ、その一環として、我が国や米国より遅れていた道路交通の情報化、ハイテク化を目指す民間企業主導の「PROMETHEUS」計画が1986年にスタートした。これには、安全性向上、燃費改善、道路容量拡大、運転負担軽減、環境負荷低減などでの技術開発が含まれていた。

ボトムアップの研究開発

　このボトムアップの計画には、民族系の14の自動車メーカーが関わり、車車間通信によって適切な速度と車間距離で走行し、レーン変更や追越し、合流時の安全を確保する協調走行や、路車間通信による経路誘導、交通情報システムが扱われ、多くのプロジェクトと各国にまたがる実証実験が推進された。自動運転技術の開発も行われ、この研究開発は、8年間にわたり続けられ1994年終了した。

トップダウンの要請

　一方、これと同時期に、欧州委員会（EC）は欧州政府会議からのトップダウンの要請を受け、運転者への高度な情報の伝達や、インテリジェント化された自動車同士、あるいは自動車と道路インフラが相互に連絡する、新しい道路交通環境の構築を目標に、「DRIVE」計画と名付けて必要な通信技術や情報処理技術の問題点と標準化に向けた検討項目を設定した。

全欧的交通ネットワーク

　その結果を踏まえて、この計画は、多数の機関の提案から56のテーマを選び、次のステップに進んだ。そこでは、道路交通だけではなく、道路・鉄道・海上交通間のインターフェース、交通輸送手段の複合化にも焦点が当てられ、全欧的な交通ネットワーク構築への研究開発が展開された。

ソクラテス計画

　経路誘導や交通情報におけるマンマシンシステム、機器、通信プロトコルの標準化に関する分野では、携帯電話通信を利用する動的な経路案内、駐車場案内、公共交通機関案内、緊急サービスなどの汎ヨーロッパ展開を目指す「SOCRATES」計画が、40の団体が関わって、ロンドン（英）、リヨン（仏）、アムステルダム（蘭）、ミュンヘン(独)、などで開発実験を推進していった。

9-4　欧州でも V2V へ

さまざまなプロジェクト

　1994年に「DRIVE」を引き継いで、「TTAP（Transport Telematics Applications Programme）」が始まった。この計画では、道路をはじめ航空、鉄道、海上交通などそれぞれで、国や企業、研究機関によるプロジェクトが複合的に関係しながら、経済の成長と発展に寄与するために、欧州全域および各国の状況を考慮しつつ、情報通信技術の研究開発が進められた。更に、1996年には、ヨーロッパの長距離路線と都市内の輸送を適切に接続し、相互運用を可能にする全欧的広域ビジョンの情報技術開発を目的とするプロジェクト「TEN-T（Trans-European Transport Network）」も始まった。

ITS Europe

　一方、ヨーロッパには国情の異なる多くの国があり、各々の都市における自動車交通の形成に長い歴史的経緯があり、技術開発を進めただけでは、容易には実用化に結び付かないとの懸念があった。そこで、実用化のための戦略的分析と計画立案、標準化を進める官民を統合する実用化推進機構「ERTICO（ITS Europe）」が発足し、米国のITS Americaと協力して事業を推進することになった。

C2C CC

　2001年、EC委員会は、4万人の交通事故死者を2010年に半減させる目標で道路交通情報技術を駆使した高度車両安全システムの導入を提示している。この目標には従来の衝突安全対策の延長では達成困難で、事故防止対策が必要との認識が高まり、2004年に自動車会社6社で車車間通信システムの標準化を図る非営利団体「C2C CC（Car to Car Communication Consortium）」が結成されている。

無線標準仕様決定

　C2C CCはERTICOと協調し、交通事故数の削減を最優先に活動を続け、メンバーは増加し、車載機器メーカー、大学、研究機関を含めて60の団体が参加した。2006年には、車載機器をルーターとして、情報を周囲のクルマにバケツリレーするための5.9GHzの無線LANシステムの標準化の仕様を決定し、これを2013年に12のヨーロッパ主要自動車会社が承認した。

2015年量産化

　さらに、これら自動車会社は2015年の新車に通信装置を搭載して市場に出すことを目標に開発を続けることに同意した。ただし、標準化された通信システムを使用するが、情報をどのようにドライバーに伝達するかの手法は各社に任されており、ヨーロッパでもV2Vから実用化が始まる様相を呈していた。

9-5　我が国の黎明期の技術開発

事故・渋滞・公害

　我が国は、欧米先進国と異なり、20世紀中ごろまでは道路交通が主要な輸送手段ではなかった。しかし、1960年代の経済と産業の発展による急激なモータリゼーションの結果、事故・渋滞・公害という社会問題が発生した。その結果、警察の交通管制センターが設置され、1966年には、初の高度な道路交通情報技術として都心36か所の交差点で信号制御が行われた。

活動の特徴

　我が国の道路交通の情報化・知能化活動の欧米と比較した特徴は、①官庁と企業と大学の協力での多くの研究開発が継続的に行われたこと、②交通管理センターをはじめとする実用的なシステムの設置と普及が比較的早期に行われたこと、である。1973年には、首都高速道路管制センターが設立されている。

CACS

　同じ1973年に通産省工業技術院（当時）が、"自動車総合管制システム（CACS）"の開発をスタートし、1977年には都心で1年間の試験運用を行った。経路誘導情報が、交差点近傍の路上装置から微弱電波によってクルマに送られ、路上装置の情報は、センターから定期的に更新され、時々刻々の交通状況を考慮した経路誘導が行われた。これは、都市内で実験を行った世界初の動的経路誘導システムである。

実験段階にとどまる

　しかし、1970年代には、現在ほど情報処理技術が発達しておらず、特に車載機器の能力が限られていたことと、システムの主眼が交通管理に置かれて、路上施設と管理センターの比重が大きいシステムとなっていたため、実験ではよい成果が得られたものの、実用化のための整備主体と運用主体を決めることができず、開発は実験段階にとどまり、1979年に終了した。

RACS

　その後1984年に、道路新産業開発機構のもとに路車間情報システム研究会が発足し、1986年に建設省土木研究所（当時）と民間25社の共同研究でコンセプトをま

とめて、「路車間情報システム（RACS）」がスタートした。これは、路上に設置された通信機（ビーコン）と車載機器の間で通信を行い、①ナビゲーション機能、②情報サービス機能、③個別通信機能、を提供するものであった（図1）。

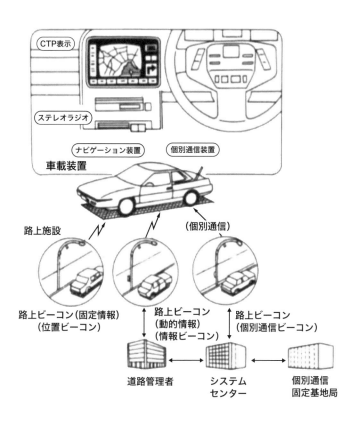

図1　路車間情報システム（RACS）のコンセプト
出典：柴田正雄　「路車間情報システム（RACS）について」『IATSS Review』Vol.17、No.2、国際交通安全学会

第 10 章
カーナビゲーション

10-1　カーナビゲーション機器の出現

世界初のカーナビゲーション

　1981年、地図上で自車の位置を正確に把握できる車載のナビゲーション機器が、世界で初めて我が国で発売された（図1）。これが契機となり、機器の完成度が高まって普及をうながし、それが路車間通信のディスプレーとして使われるようになり、世界に先駆ける我が国の道路交通情報システムの発展に貢献することになる。

●走行距離センサ
パルス検出方式により、タイヤの回転に応じた電気信号を発生しコピュータに自動車の走行距離を教える。

●表示部（6インチブラウン管）
コピュータからの信号により、自動車の走行軌跡・現在位置・向いている方向を地図シート上に表示。

●方向センサ
ヘリウムガスを封入した可動部のない精密ジャイロにより、車の方向変化に極めて正確に応答する電気信号を発生してコンピュータに走行方向を教える。

●航法コンピュータ
・方向・走行距離の電気信号から刻々の現在地を積分し航法計算する。
・誤差を自分で補正計算する。
・これらの結果を走行軌跡の画像で表示する計算をする。

システム配置図

表示部

図1　ホンダ・エレクトロ・ジャイロケーター
出典：『 DATA Dream Products & Technologies 1948 -1998 』HONDA R&D

ナビゲーションの手法

　GPS（全世界衛星測位システム）のなかった当時のカーナビゲーションの手法は、出発地点を地図上の原点とし、クルマの走行軌跡を正確に測定して、地図上にそれを描くことであった。そのためには、時々刻々の移動距離と進路方位角の変化を測定する必要がある。移動距離はタイヤの回転数を積算して求めることができた。

難題の方位角

　方位の測定は、誰でも磁気コンパスを考えるが、自動車では、地磁気による方位は精度が不十分で、ナビゲーションには役に立たない。航空機は、コマが自転中は向きを変えない性質を利用したジャイロスコープに頼る慣性航法を行っていた。

ガスレートセンサー

　世界初のカーナビゲーション機器は、この慣性航法を採用して、精度の高い経路の計測を可能にした。ただし、航空機のジャイロスコープは大掛かりで極めて高価な装置なので、その代わりに、ヘリュームガスジェットの標的への命中位置が、方位の変化によってずれることを利用したコンパクトで安価な〝ガスレートセンサー〟が開発された（図2a）。

地図の差し替え

　当時、デジタル地図は存在しなかったので、透明なフィルムに地図を印刷して、軌跡を表示するディスプレーのブラウン管の表面に重ねて使用した。一枚の地図の範囲は限られるので、走行につれて人手による差し替えが必要になり、全国をカバーするのは、数十枚の地図が必要だった（図2b）。

ウオームアップ

　ガスレートセンサーは温度の変化に敏感なため、一定温度に維持される必要があり、ウオームアップのため、直ぐにはスタートできなかった。走行開始時には、現在位置のセットも必要で、残念ながら、このカーナビゲーションは使い易いものとは言えなかった。

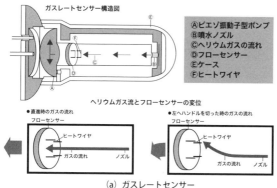

ガスレートセンサー構造図

Ⓐピエゾ振動子型ポンプ
Ⓑ噴水ノズル
Ⓒヘリウムガスの流れ
Ⓓフローセンサー
Ⓔケース
Ⓕヒートワイヤ

ヘリウムガス流とフローセンサーの変位

●直進時のガスの流れ
フローセンサー
ヒートワイヤ
ガスの流れ　ノズル

●左へハンドルを切った時のガスの流れ
フローセンサー
ヒートワイヤ
ガスの流れ　ノズル

（a）ガスレートセンサー

（b）地図

図2　ガスレートセンサー と 地図
出典：『DATA Dream Products & Technologies 1948-1998』HONDA R&D

10-2　カーナビゲーション機器の進化

デジタル地図の採用

　1981年に発売された世界初のカーナビでは、透明フィルムに印刷された地図の境界で続きの地図との人手による差し替えが必要だった。1990年に、この機器では、CD-ROMに記録されたデジタル化された地図データで自動切り替えが行われるようになり、差し替えの手間が解消した。

累積誤差

　方位の計測に高精度のセンサーを採用しても、距離の測定は車輪回転数に頼っているため、タイヤ空気圧の変化や、路面とのスリップなどの影響で、長距離の走行

では累積誤差が無視できなくなる。その結果、走行軌跡の表示が地図の道路から外れてしまう。そうなると、クルマを止めて、現在位置の設定をまたやり直す必要があった。

マップマッチング

　これを解決したのが「マップマッチング」の技法だった。軌跡のパターンと一致する道路パターンが近くにないかを、ジグソーパズルの駒の置場所を探すように検索し、その候補から一致度を判断して、軌跡をそこの道路位置にシフトするという手法である（図3）。地図がデジタル化されたので、この手法が可能になった。

GPSの利用

　しかし、課題はまだ残っていた。走行距離の測定を車輪の回転数に頼っているため、カーフェリーで移動すると航跡が把握できなくなる。上陸後、現在位置の設定をやり直さなければならなかった。しかし、これも1992年にGPSからの電波を受信することで解決した。

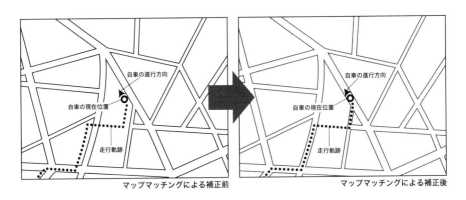

図3　マップマッチングの例
出典：『DATA Dream Products & Technologies 1948-1998』HONDA R&D

絶対位置

　GPSは、米国の国防総省が開発した、上空約2万キロの六つの軌道を周回する約30個の人工衛星からなるインフラである。衛星から発信される電波を受信し、その所要時間を計算することで、3個の衛星からの情報では二次元の、4個からでは三次元の現在の絶対位置を知ることができる。

ハイブリッド航法

　しかし、衛星の位置やビルやトンネルなど周囲の環境によっては、常時電波を受信できず、当時は意図的に位置情報の精度が落されていたために誤差が大きかった。そこで、それまでの、センサーと車輪回転数による自律航法に加えて、GPSを併用するハイブリッド航法を用いることで、カーナビの基本技術が完成した。

10-3　カーナビ利用の路車間通信

ナビに交通渋滞情報

　交通情報提供の高度化の意向を持っていた警察庁は、ナビの出現により、新しい構想による路車間通信システムの可能性の検討を行った。その結果、ドライバーが最も知りたい進路の交通渋滞の状況をナビの位置情報に付加してディスプレイに表示する、という発想が生まれた。

AMTICS

　警察の所轄する交通管制センターで収集した渋滞情報と、それに関連した交通情報を、郵政省（当時）で新しく計画しているテレターミナルシステムを通じて、リアルタイム・オンラインで自動車に提供する。この基本方針が固まり、「新自動車情報通信システム（AMTICS）」と命名された（図4、図5）。

開発スタート

　これを背景に、1987年、45社を会員とする"新自動車情報通信システム実用化協議会"が発足し、その下に"AMTICS開発委員会"が設置され、警察庁、郵政省、メンバー会社からの委員によって、システムの設計、試作、実験の作業がスタートした。

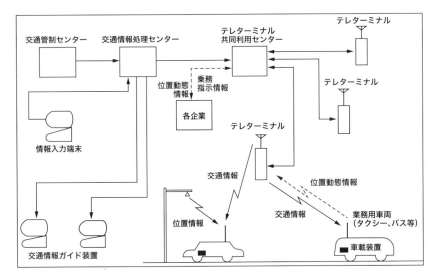

図4　AMTICS のシステム概念図
出典：岡本博之「新自動車交通情報通信システム
（AMTICS）について」『IATSS Review』Vol.17、No.2、国際交通安全学会

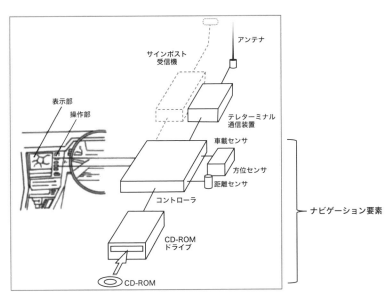

図5　AMTICS の車載ディスプレイの構成
出典：岡本博之「新自動車交通情報通信システム（AMTICS）について」『IATSS Review』
Vol.1、No.2 、国際交通安全学会

地域情報域と広域情報

　このシステムの機能は、①白車の現在位置の表示、②交通渋滞、交通規制、気象状況などの提供、③駐車場の位置と利用状況、観光地の位置などの情報提供、④車両位置の把握、業務連絡、である。渋滞情報の場合は、ナビ画面に表示される情報はテレターミナルから8キロ以内の地域情報と県程度の範囲の広域情報の二種類が用意され、ドライバーが選択できる。

二回の先行実験

　1988年、東京都心部で3ヵ月にわたる先行実験が、テレターミナル実験局を用いて、12台の実験車の参加で行われた。この実験でAMTICSのハードウエアとソフトウエアの基本骨格が固まった。1990年には、大阪の「国際花と緑の博覧会」で、AMTICSのPRをかねて、交通対策の一環として二回目の実験が行われ、花博終了後も実験が続けられた。

普及の障害

　AMTICSに対する一般の人々の期待が大きいことが、アンケートの結果で明らかになった（図6）。しかし、当初予定していたテレターミナルの利用は、広域的なサービスエリアを前提とする自動車交通では多数のターミナルが必要であることが明らかになり、普及は容易ではないことが予想された。

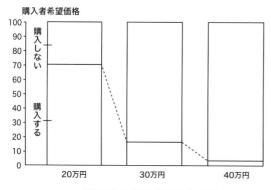

図6　AMTICS車載機器のアンケート結果の一部
出典：岡本博之「新自動車交通情報通信システム（AMTICS）について」
『IATSS Review』Vol.17、No.2、国際交通安全学会

10-4　路車間通信実用化へ

技術的見通し

　建設省（当時）が主導して1990年まで開発が続けられたシステム「路間情報システム（RACS）」と、1988年と1990年に先行実験が行われた警察庁主導のシステム「AMTECS」は、それぞれの狙いには大きな違いはなかったが、それぞれの開発で技術的な見通しは得られた。

実用化の課題

　しかし、実用化には、AMTECSでのテレターミナルの設置は、主導した警察庁の管掌範囲ではない上に、多数の設置が必要になる。一方、RACSで路上にビーコンを設置するのは、道路を管轄する建設省（当時）の管掌範囲と言えるが、肝心の道路交通情報の収集は警察庁に頼らなくてはならず、どちらも、単独では進めることはできない。

VICS開発スタート

　そこで、実用化を前提に、この課題を解決するために、二つのシステムを融合させることが判断され、1990年に、警察庁、郵政省（当時）、建設省（当時）による「道路交通情報通信システム（Vehicle Information and Communication System：VICS）協議会」が発足した。翌1991年に、VICSの早期実用化を期して、201の法人・団体を会員とする「VICS推進協議会」が発足した。

3種の通信メディア

　このシステムは、交通管理者、道路管理者などからの情報を、道路交通情報センター等を経由して収集することで、FM多重放送、光ビーコン、電波ビーコンの3種の通信メディアで自動車に伝達し、渋滞・工事等の道路交通情報、経路誘導情報その他のサービス情報を、リアルタイムで車載ナビゲーション装置からドライバーに提供する。

1996年情報提供開始

　1993年、VICSの公開デモンストレーション実験は、米国と欧州から道路交通情報工学の専門家も招いて行われ、試乗者から好評を得て成功裏に終了した。1995

年、「(財) 道路交通情報システム (VICS) センター」を設立し、1996 (平成8) 年4月から首都圏を初めとして情報提供を開始し、2000年には沖縄、2003 (平成15) 年2月の残りの北海道地域を最後に、日本全国がサービスエリアに収められた。

世界に誇るVICS

RACSとAMTECSの長所を融合させたVICSは、放送開始から15年後の2011年に3000万台を、さらに2013年には4000万台を超えるカーナビの普及との二人三脚で、利用が加速度的に増加し、世界に誇る我が国の路車間通信システムが見事に構築された。

10-5 通信型カーナビの出現

通信型カーナビ

世界初のカーナビを実用化した自動車メーカーが、1990年代に、携帯電話を通じてドライブ情報をナビに提供する通信型カーナビを試行した。しかし、多くの賛同が得られず、ドライバーの求めているものは、質の高い経路誘導のための交通情報であることを認識させられた。

VICS情報の加工

VICSセンターから配信されていた交通情報は、民間企業が加工することは許されていなかった。また、それには、狭い道路、橋、トンネルなどの情報が抜けており、県をまたぐ情報が得られないなど、ルート探索上不十分な点もあった。そのため、VICS情報を民間企業が加工できるようにする提案がなされ、規制が緩和された。

世界初のシステム

そこで、このメーカーは、情報センターを設置して全国のVICS情報を集め、自社のクルマのユーザーの加入者に、出発地点から目的地まで、継続した情報を提供する世界初のシステムを構築した。しかし、提供できる情報は、VICSがカバーする主要道路を中心とした交通情報だけであった。

フローティングカーシステム

そこで、不足している情報を自分たちで集めることを考えた。その結果、走行データをカーナビのメモリーに蓄積し、情報センターが、会員がアクセスした際にそのデータを受け取って、それを会員で共有するシステムを開発し、2003年、この"フローティングカー交通情報システム"を自動車会社として世界で最初に実用化した。

対象道路8倍延長

このシステムでは、多数のクルマの一定時間間隔での「時刻」、「位置（経度、緯度）」、「車速」、「進行方位」などの詳細なデータが得られるので、的確できめの細かい交通情報を提供することが可能となる（図7）。少ない設備投資で広範囲の情報取得を可能にしたこの手法で、カバーできる道路をVICSの8倍にまで延長したと言われる（図8）。

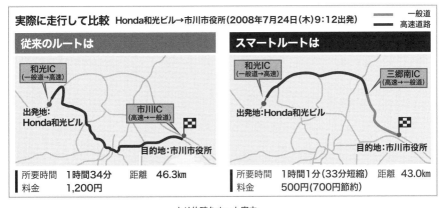

より的確なルート案内

図7　フローティングカーシステムの効果（1）
出典：ホンダ http://www.honda.co.jp/internavi/about/

リアルタイム地図更新

　このシステム（インターナビ）は運用開始後1年で、総走行距離が1億キロに達し、さらに、時間がかかっていた、新しい道路の開通などの地図情報の更新も、このシステムによって、暫定にはなるが、迅速な対応が可能となった。

高速道路や主要幹線道路が中心。

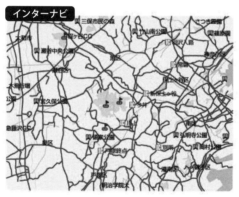

普通のナビでは把握できない細かい道の情報が
あるから、的確で多彩なルートが提案できる。

情報取得道路の増加

図8　フローティングカーシステムの効果（2）
出典：ホンダ http://www.honda.co.jp/internavi/about/

10-6　東日本大震災での活躍

双方向通信型カーナビの長所

　双方向通信型カーナビによるフローティングカー交通情報システムでは、道路の
センサーや通信機器などのインフラに依存せずに、走行中のクルマから交通情報収
集が可能になる。そのため、VICSでカバーされていない道路はもとより、インフ
ラが使用不能になった道路の交通状況も知ることができる。この長所が東日本大震
災で発揮され、貴重な役割を演じた。

翌日走行実績データー公開

　2011年3月11日の大震災の際、フローティングカー交通情報システムの先駆け
で実績のあったホンダ・インターナビ・クラブは、被災地域の住民の移動や被災地
域への早急な救援のための通行可能道路を明らかにするため、早くも、翌日の12
日の10時30分に会員の通行実績データを公開した。

グッドデザイン大賞

　さらに、広く一般を対象として、Google、Yahoo! JAPANと協力し、“Google
自動車通行実績情報マップ”や、“Yahoo!ロコ-地図”の“道路通行確認マップ”
に通行実績情報、渋滞実績情報を公開した。このサービスは大きな反響を呼び、そ
の後、他の自動車メーカーやカーナビ関連企業も加わった情報提供へと発展した。
この通行実績情報マップは“2011年度グッドデザイン大賞”を受賞した。

急ブレーキ地点抽出

　さらに、このフローティングカー情報は交通事故の減少にも効果を発揮してい
る。クルマの走行情報から急ブレーキの頻度も知ることができるので、多発箇所を
抽出し、その地点の道路状況を確認して、急ブレーキの発生原因を除去すること
で、事故の発生を予防することが可能となる。埼玉県内の急ブレーキ多発27ヵ所
のうち、対策を実施した16ヵ所で対策後1ヵ月の急ブレーキ回数が約70%減少した
という実績が報告されている。

交通事故削減に貢献

　横断歩道がカーブの先にあったり、街路樹が車道の視界を妨げていたり、カーブ

ミラーの設置角度が不適当で見通しが悪いなどの隠れた危険箇所を、すべて道路について人による調査で見つけ出すことは事実上不可能である。クルマの走行情報は、人手と費用を掛けずにそれを可能にした。

第 11 章
道路交通情報工学と ETC

11-1 先進安全自動車（ASV）

先進安全自動車プロジェクト

　路車間通信の分野で現在の発展につながるVICSの開発が始まった1991年に、運輸省（当時）が、最新のテクノロジーを使って自動車の安全性を高める研究開発を提唱し、5か年計画で産・官・学の連携で作業が始められた。これが先進安全自動車（Advanced Safety Vehicle：ASV）プロジェクトである。

実験安全車プロジェクト

　このASVプロジェクトには、お手本になる成功を収めた先例があった。それは、5万人を超える交通事故死者の減少を迫られた米国運輸省が主唱して、1970年代に始まった世界規模の自動車の安全性向上のための研究開発活動だった。それは実験安全車（Experimental Safety Vehicle：ESV）プロジェクトと呼ばれた。

ESVは衝突安全

　当時、制御・情報・通信などの技術が未熟だったため、このESVプロジェクトでは、予防安全対策に比較して、衝突安全対策の研究開発が多数を占めていた。しかし、その成果が、車体構造の改善、シートベルトの性能向上、エアバッグの実用化など多くの実績を挙げ、自動車の衝突時の安全性を現在の高いレベルに引き上げることに貢献した。

ASVは予防安全

　その後20年間に目覚ましく進歩した制御・情報・通信の技術を駆使して自動車の安全性をどこまで高められるかを研究し実用化に結び付けようとするのがASVプロジェクトである。したがって、予防安全対策が主体となり「ドライバー支援」を原則とする基本理念の基に研究開発が進められた（図1）。

情報と制御

　予防安全には、警報などの情報による事故予防と、制御による事故防止・衝突回避・被害軽減の二つの分野がある。ASVプロジェクトからは、後者の分野からアダプティブ・クルーズ・コントロール、レーンキープアシスト、衝突軽減ブレーキなどが実用化されている。

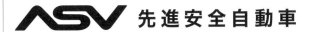 先進安全自動車

ASVとは

　ASVは、エレクトロニクス技術の応用により自動車を高知能化し、ドライバが運転する車（ヒューマン・マシーン系）としての安全性を格段に高め、事故予防、被害軽減等に役立たせようとの目的のもとに、21世紀に向けて開発される試作車です。ドライバ、車、周囲の状況を見張る各種センサ、コンピュータ、装置等を車載し、運転を支援するようになっています。

ASV安全技術は ···

○　自動車はあくまでドライバが運転することが前提となりますが、**ASV** の安全技術は、自車、他の交通、道路環境等の状況に応じて「危険が予測されるとき」、「危険の度合いが増したとき」における運転を支援します。

○　**ASV** の安全技術は車単独のものの他、人―車―道路間の相互の情報コミュニケーションによって展開される多様な技術です。

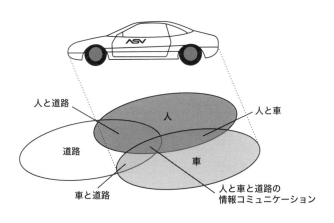

図1　ASV のコンセプト
出典：http://www.mlit.go.jp/jidosha/anzen/01asv/resourse/data/asv1pamphlet.pdf:

自律型と通信型

　事故発生の可能性を予知して、それをドライバーへ警報するための情報の取得には、自律検知の方式と通信利用の方式がある。

　通信利用方式には道路側情報利用型と情報交換型があるが、ASVプロジェクトでは、当初は、自律検知方式で研究がスタートした。ASVプロジェクトは、5年間を一期として、その後も継続されている。

11-2　走行支援道路システム（AHS）

AHS

　ASVプロジェクトでは、自律検知方式を採用して研究開発がスタートした。ASVが運輸省（当時）の所轄であったので、それは自然な成り行きであった。しかし、この自律検知方式には短所があった。

　それは、自律方式は自車周辺の情報入手には優れているが、遠方や死角の情報が入手できず、天候の影響も受けやすいという弱点である。この弱点を補って、道路インフラから情報を提供し、クルマの安全性をさらに高めようとする研究開発が道路側から提案された。これが"走行支援道路システム（Advanced Cruise-Assist Highway System：AHS)"である。

ＡＳＶと連携

　この基礎的な技術開発は1989年頃から行われていたが、1996年には実現の可能性ありと判断され、建設省（当時）の提唱でAHS研究組合が設立された。2000年にはその成果がテストコースで公開され、2002年には全国7か所の道路で実走実験が行われている。これを受けて、ASVプロジェクトでも1996年に始まった第二期からは、道路インフラとの連携も進められるようになった。

認知・判断・操作で支援

　AHSは、ほとんどの事故の原因となるドライバーの認知・判断・操作の誤りを低減することを主たる目的としている。そのため、認知の誤りに対しては適切な情報提供で、判断の誤りに対してはタイミングの良い警報で、操作の誤りに対しては操作支援で、という三段階の支援が企画された。

7つのサービス

　AHSが行うサービスは、①見通しが悪いカーブ等において、停止車両や落下物等、障害物を道路側が検知して車両に伝え、ドライバーに情報提供、警報、操作支援を行う"前方障害物衝突防止支援"、②カーブまでの距離や形状を車両に伝え、情報提供、警報、操作支援を行う"カーブ進入危険防止支援"③路面に設置されたレーンマーカーが車線内の位置情報を車両に伝え、車両が走行車線を逸脱しそうになったときに、警報、操作支援を行う"車線逸脱防止支援"など、効果の大きいものから7つが選定されている。

11-3　ETC 概観

ETC

　ETC（Electronic Toll collection System/電子料金収受システム）は、クルマへの課金システムの効率向上を狙いとして開発されたもので、1989年にはイタリアで本格的な運用が始まっている。現在、50か国以上に普及しているが、それらは、課金の目的によりシステムが異なり、同じ目的でもさまざまなシステムが存在する。まず、ETCのシステムを規定する課金の目的から話を始めたい。

課金の目的

　目的の第一は、道路の建設や維持管理のための費用の回収で、これは有料道路で一般的に行われている。第二は需要管理である。これは交通量の増加を抑制し、公共交通の利用を促す手段である。ロンドンで行われている市内中心部へ乗り入れるクルマへの課金制度がこの例である。第三は混雑緩和である。この目的では、課金額は道路の混雑程度に応じて変動する。次に、ETCが成立するために必要な機能を確認する。

車両確認・種別認識

　機能の第一は車両の確認である。初期にはバーコードを読み取る方法が行われたが、現在では電波による通信が一般的で、ビデオカメラによるナンバープレートの読み取りも使われる。第二は車両種別の認識である。事前登録のID、踏板で車軸数やダブルタイヤを確認する方法が一般的であるが、レーザーで車両外形を検出す

る手法もある。特殊な例では、ゲートを使わず、走行中任意の位置でGPSによる位置データを車両IDと共に送信する方法もある。

課金徴収・違反行為防止

　第三は課金の徴収である。これはプリペイドカード、口座からの自動引き落とし、請求書による納付、などが行われている。第四は違反行為防止である。これには、警備員のパトロール、開閉バーの設置、自動ナンバー認識、などの手段が講じられている。しかし、パトロールには多くの人数が必要であり、バーは通過速度の低下で渋滞の原因となる弱点がある。

ETCの効果

　人による料金徴収では、処理能力は一時間当たり350台、コイン投げ入れ式では500台である。ETCでは1200台の処理が可能となり、さらに、ゲートを使わず減速の必要のないシステムでは1800台に対応可能との報告がある。ETCの運用は交通流を改善し、旅行時間の短縮に効果的で、事故防止、燃費改善、環境汚染防止に貢献している。

11-4　イタリア、シンガポール、ロンドンのETC

始まりはイタリア

　イタリアでは、1990年のサッカーのワールドカップを迎えて、1989年から高速道路で"Telepass"と呼ばれるETCサービスが開始されている。高速道路は、国が管理する無料区間と民間が管理する有料区間があり、電源を持たないシンプルな車載器が送られた電波に応答するパッシブシステムである。

混雑緩和ではシンガポール

　シンガポールでは、早くも1975年に商業中心地への乗り入れにステッカーによる課金制度が開始されていた。しかし、監視コストの低減と、渋滞に応じた柔軟な課金額の設定を可能とすべく、1998年に"ERP：Electronic Road Pricing"と称するETCが導入され、対象は道路にも拡大された。車載器はパッシブシステムで、道路をまたいで造られたガントリーによる認識方式のため減速の必要はない。

大きな通行料設定幅

　ERPの課金対象時間帯の通行料は30分毎に見直され、当時は0.5～7シンガポールドルと大きく変動した。料金が変わる前後5分間は、平均値で課金される。幹線道路と高速道路の料金は、それぞれ時速20～30キロと時速45～65キロに保てるよう設定され、交通量調査に基づき3カ月ごとに改訂されていた。

ロンドンの混雑緩和

　ロンドンでは2003年に、市中心部の混雑緩和を目的に、"London Congestion Charge" と称するETCが導入された（図2）。車載器と通信する方式ではなく、対象地域の200台近いテレビカメラが、車両のナンバープレートを読み取りデータベースと照合する。月曜～金曜の7～18時に、二輪車、タクシー、バス、緊急車両を除く車両に対し、一律に課金され、当日のエリアへの出入りは自由。

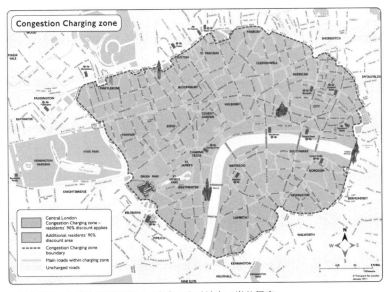

　点線で囲った課金区域面積は、東京の山手線内の半分程度

図2　ロンドンの課金区域
出典：http://hankdrake.blogspot.jp/

低公害車優遇

　また、排出ガス規制基準適合車両、電気自動車、プラグインハイブリッド自動車、定員9人以上の車両、小型自動3輪車、道路復旧車両は、事前に定額を支払い申告登録することで、1年間の通行が可能となる。料金については当日払いで、2011年からは自動引き落としも可能になったが、支払いの遅延には、高額な罰金が科せられる。

　ロンドンのようなロードプライシングシステムは、2007年にスエーデンのストックホルム市内に、2013年に同ヨーテボリ市内に導入されている。

11-5　スイス、ドイツの重量貨物車両課金

スイスは全道路課金

　ヨーロッパの中央に位置するスイスは、南北と東西の交通流が増加したため、環境保全と鉄道へのモーダルシフトを目的として、2001年に3.5トン以上の重量貨物車両の走行距離に対して、世界で初めて高速道路だけではなく国内すべての道路を対象とする課金制度を導入した。

タコグラフとGPS

　国内の車両には無料の車載器の搭載を義務づけ、車両ナンバーと総重量を登録して車両のタコグラフと接続することで走行距離を把握する。国境にはゲートがあり、電波によるパッシブ方式で国外での走行距離が除外される。車両は路上のモニターで確認され、さらに、走行距離はGPSによってもモニターされる。

国外車はDIカード作成

　料金は、3段階の排出ガスレベルの係数に重量と距離を乗じて算定され、無届車は車両ナンバーを特定し罰金が科せられる。車載器の無い国外の車両は、入国の際、車両データーに基づきIDカードを作成し、自動登録機でメーターの走行距離、支払い方法など申告する。発行された2枚のカードのうち、1枚は、出国時に走行メーター記録を提出する精算用で、残りは控えとなる。

一般道への迂回封じ

ドイツでは、便利なアウトバーンを通過するだけの他国車両が多いため、道路への負担が大きい総重量12トン以上の貨物車のアウトバーン走行に対して、2005年から道路維持費負担のための課金が行われるようになった。その結果、迂回車両でアウトバーンと平行する一般道の交通量が増加して渋滞を招くようになったため、2007年には一般道も課金対象に含めた。

GPSとガントリー

　課金方法は、特別なゲートを設けず、GPSを備えた車載器から携帯電話回線を通して、車軸数、排出ガスレベル、走行距離をセンターに送り、料金が計算される。道路を跨いで設置されている300か所のガントリーで3Dスキャナーにより車両を確認し、無線で車載器の有無を確認し、赤外線カメラが検出する車両ナンバーから登録内容との照合が行われる。車載器がなく、事前登録もない場合は500キロ走行相当金額の罰金が科せられた。

11-6　カナダのETC

世界初の料金所のないETC

　カナダのトロントでは、市内の渋滞を緩和するため、1997年に幹線道路と並行する高速道路407号線にETCを導入した。この407 ETR（Express Toll Route）は、減速が必要な料金所がなく、料金収受をETCのみで行う世界初のシステムである。5トン以上の重量車両には、地上施設と電波で交信する車載器の搭載が義務付けられていた。

198ヵ所の二連ガントリー

　軽量車両には、バックミラーに取り付けるコンパクトな車載器が、月払いか、1年払いの使用料でレンタルされた。料金所の代わりに、課金・車種判別のための機器を設置したガントリーと違反車両の監視・撮影用機器類を設置したガントリーとがセットで198ヵ所に設けられた。

きめ細かい料金体系

　料金体系は、定額の利用料＋走行距離比例式であるが、係数は、車種、エリア、

時間帯によってきめ細かく決められている。普通車の場合、混雑エリアの通勤集中時間帯のキロ当たり料金に対し、集中前後の時間帯では若干安くなる。非混雑エリアではそれぞれがさらに安くなった。日中は、エリアと無関係にさらに安くなり、夜間は同じく最も安くなっていた。車載器非搭載の車両には1ヵ月分のレンタル料と、自動カメラ撮影手数料が徴収されるのは興味深い。

11-7 合衆国の ETC

合衆国は地域ごとのシステム

アメリカ合衆国では無料の自動車専用道路が大多数ではあるが、一部の道路や橋では通行車両に課金が行われ、ETCが導入されている。国土が広大なためシステムの統合は行われておらず、地域ごとに独自のシステムとなっている。しかし、それぞれの地域は、他の多くの国では一国に相当する広い領域であり、それぞれの内では幾つかのシステムが統合されてきている。

北東部はE-ZPass

最大のシステムは、ニューヨーク州、ニュージャージー州を中心とし、西はイリノイ州、北はメーン州、南はノースカロライナ州までを含む東北部15州の25社が、料金所の処理能力向上による渋滞緩和や、周辺道路団体の料金所と互換性をもたせることを目的として導入したE-ZPassである。料金所には専用レーンが設置され、電池を電源とする小型車載器は電波で交信するアクティブシステムである。料金体系は、均一と距離比例があり、ETC利用で割引が適用される。

カリフォルニアはFasTrak

合衆国では、北東部の15州にまたがる最大規模のETCシステムであるE-ZPass以外に、人口の多い州でETCが普及している。最大の人口を擁するカリフォルニア州では、サンフランシスコ湾周辺、ロスアンゼルス南のディズニーランドのあるオレンジ郡と州南端のサンディエゴ地域でそれぞれのシステムが構築されているが、それらはFasTrakとして互換的に運用されている。

ゴールデンゲートブリッジもFasTrak

サンフランシスコのベイエリアでは、有名なゴールデンゲートブリッジを含めて8か所の橋が有料で、一部の道路も含めてETCが使われている。橋の料金所にはFasTrak専用のレーンが設けられているが、道路では減速の必要がないフリーフローである。車載器は、フロントガラスに貼り付けるコンパクトなもので、地上機器からの発信に応答するパッシブシステムである。

クレジットでは自動チャージ

　ゴールデンゲートブリッジの料金は現金払いに対し、FasTrak利用では若干安くなる。FasTrak利用で2人以上の乗車では安くなる橋もある。クレジット契約では、車載器は無料であるが、申し込み時に一定額の料金が必要で、チャージ金額が限定額を下回ると、自動的に月平均利用金額がチャージされる仕組みである。

テキサスはTxTag

　カリフォルニア州に続く人口のテキサス州でも、ダラス、ヒューストン、オースチンその他の大都市周辺の有料道路でも、3つのETCシステムがTxTagの代表名称で互換的に利用されている。車載器は、薄いステッカーでパッシブシステム、前納金が必要であるが、購入もできる。現金払いができない道路があり、そこではナンバープレートを認識して後日料金が請求される。

フロリダはフリーフロー

　既に紹介したE-ZPassが使われる人口3位のニューヨーク州に続く、人口4位ののフロリダ州でも、3つのETCシステムがSunPassの代表名称で互換的に利用されている。前納金と最低残高の扱いはFasTrakと似た方式で、車載器は、パッシブシステムで、低額のステッカータイプの運用も行なわれている。すべて料金所のないフリーフロー方式で、車載器がない場合はナンバープレートを認識して後日料金が請求される。

11-8　ITSと将来の展開

交通社会改善のシステム

　これまで、カーナビを情報端末としてリアルタイムの道路交通状況を提供する

VICS、ドライバーの安全運転を支援するシステムの開発・実用化・普及を促進するASV、自動車を止めずに有料道路の料金支払いなどを処理するETC、など最先端の情報通信技術により、安全・環境・利便性の面から交通社会を改善する幾つかのシステムの研究開発と実用化の経過を紹介してきた。

ITS Japan

これらのシステムは、当初は、それぞれが独立に企画・推進されていたが、重複の無駄を省き、効果的な発展を目指して、それらを総合的に検討・展開する組織がつくられた。同様な組織が、米国ではIntelligent Transportation Society of America（ITS America）と命名されたので、我が国でもそれに倣ってITS Japanと名付けられた。

3つの将来ビジョン

ITS Japanは、産業界、学識経験者、市民・ユーザー、経団連からなる民間団体で、3つの将来ビジョン（交通事故死者ゼロ空間、渋滞ゼロ空間、快適移動空間）の実現に向け、内閣官房、内閣府、警察庁、総務省、経済産業省、国土交通省と情報共有、意見交換を行い、住みやすい社会作りと産業の発展へ貢献する政策を提言し、事業を行う組織である。

ITS総合戦略2015

ITS Japanは、2030年の「交通社会のありたい姿」を想定した「ITSビジョン2030」を実現するために、まず2015年までの取り組むべきテーマを「ITS総合戦略2015」として策定した。それに従い、①移動通信ネットワークの高速化と日常生活への普及がもたらす潜在力を活かした交通社会システムの進化、②自動車の動力源の転換とエネルギー需給構造の変化を支え、モビリティーの持続的向上と省エネルギーを両立する交通システムの実現、③経済活動の一層のグローバル化と担い手となる国・地域の構図の変化を先取りしたITS分野の国際連携のリード、④誰もが多様なライフスタイルで活き活きと暮らす豊かな社会を支える自立的・効率的モビリティーの実現、を目指した展開が行われている。

第 12 章
自動運転の歴史と課題

12-1　グーグルの自動運転車のインパクト

自動運転のデモ

2013年の秋に、「高度道路交通システム」と呼ばれるITSの世界会議が東京で開催された際、自動車の自動運転のデモンストレーションが行われ、これを契機に自動運転に対する人々の関心が高まった。

グーグル社の自動運転車

その関連で、グーグル社のクルマとその開発状況が広く知られるようになり、その70万キロの走行実績から、自動運転の実用化の時期が近い、との印象を人々に与えた。その結果、「10年後には、自動車は自動運転ができるかどうかがキーになり、グーグル社の技術で製造業は崩壊し、産業構造が変わる」といった過激な論評もみられた。

自動車会社のアプローチ

グーグル車のインパクトは、一気に自動運転を狙うその進め方にある。自動車各社は、これまで、いくつかの機能で運転支援技術を開発して量産車に適用し、それらを徐々に統合化するアプローチを取っている。その段階については、米国の運輸省道路交通安全局（NHTSA）が、法規制のための定義をした。

自動化レベル

レベル0（無自動）：運転者が完全に単独で常時主要操縦装置を制御する。

レベル1（機能限定自動化）：1つ以上の特定の主要操縦機能の自動化（例：横すべり防止装置、ブレーキアシスト）。

レベル2（機能協調自動化）：二つ以上の主要操縦機能が協調して運転者を支援する自動化（例：レーンキーピング付きアダプティブクルーズコントロール）。

レベル3（限定自動運転）：安全上の危険や環境条件によっては、十分な余裕時間をもって操縦を完全に運転者に引き渡すことのできる自動化（例：グーグル社の自動運転車）。

レベル4（完全自動運転）：すべての状況で自動操縦する自動化。乗員は目的地を入力するだけで、操縦はできない。オペレーターのいないクルマも含む。

自動車社会の変革！

　自動運転の効用として、事故が減る、車間距離を短くレーン幅も狭くできるので、既存の道路で多くのクルマが走れるようになる、などに加えて、クルマを呼び寄せられる便利なカーシェアリング（共同使用）が可能となるので、クルマの所有が減り自動車社会の変革が起こる、との予測もある。

12-2　自動運転の効用

グーグル社の主張

　グーグル社の自動運転の技術開発リーダーは、自動運転にすれば交通事故を90％、渋滞による時間とエネルギーの損失をそれぞれ90％減らすことができ、さらに、自動車の台数を90％減らすことができる、と主張した。

3万人救命、40兆円節約

　この効果は、実数に換算すると驚くべきものになる。2009年の米国での自動車事故は550万件で、33808人が死亡し、220万人以上が負傷して24万人が入院している。事故を90％減らせれば、3万人の命を救うことができ、200万人が無傷で済む。事故に関連する損失は全米で4500億ドルと推定されるので、約4000億ドルが節約できることになる。

渋滞解消で10兆円

　全米の都市では、渋滞で年間48億時間と19億ガロンの燃料が浪費されているという推定がある。この時間を生産性に換算し、燃料費を加えると損失は1010億ドルに及ぶ。自動運転になれば、クルマは密集して高速で走れるので渋滞は解消し、この費用もなくなることになる。

革新的カーシェアリング

　自動車は、住居に次いで高額な資産であるが、使われる時間は5％に過ぎない、と言われている。自動運転車が普及すれば、呼べばどこへでも来て、どこでも乗り

捨て自在な革新的カーシェアリングが可能になるので、それが爆発的に発展して、個人のクルマ所有が激減する、というのがグーグルの主張する「クルマ90％減」の理由である。

世界規模の効用
　世界保健機構（WHO）の推定によれば、全世界での交通事故死者は毎年120万人で、2004年の全死者数の2.2%で、死因では9位である。これは2030年には3.6%の5位になると予想されている。もし、自動運転が世界規模で普及すれば、確かにその効果は大きいものと考えられる。

途上国の交通インフラ
　途上国は、携帯電話の導入で、先進国が行ってきた固定電話のための通信施設への投資を免れることができた。自動運転が交通需要の高まる途上国で展開できれば、同様に、道路などの交通インフラの規模をコンパクトにすることが可能となり、そのための巨額の投資の緊縮が可能となる、という指摘があることも紹介しておく。

12-3　自動運転の歴史的背景（1）

無線操縦が起源
　1925年に、運転手のいない自動車がニューヨークの市街を走ったという記録がある。しかし、これは自動運転ではなく、後続のクルマから電波で無線操縦されたものであった。五番街やブロードウエイの混雑のなかを走行したようで、当時の技術レベルを考えると驚くべきことであった。

一日で大陸横断
　1939年の米国での世界博覧会で、20年後の自動車交通の夢が、大都市と高速道路の巨大なジオラマで公開され、人々の関心を集めた（図1）。そこでは、自動車が14レーンの高速道路を走り、「埋め込まれた導線による無線誘導によって、孫の時代にはボタンひと押しで、大陸横断が24時間で可能になる」と説明されていた。

未来都市に張り巡らされた高速道路網 　　　　　速度ごとに区画された自動走行レーン

**図1　GMが1939年開催のニューヨーク世界博覧会で
展示した未来の自動車交通のジオラマ**
出典：古川修『自動運転の技術開発』グランプリ出版

電気高速道路

　1956年には、米国の電力会社によって「ある日、あなたのクルマは、道路に埋め込まれた電気装置で、速度とステアリングが自動制御される電気高速道路を走るようになるかもしれない。電気によって道路は安全になり、渋滞も衝突も運転の疲労もなくなる」と語りかける広告が掲載された。

公道走行実験成功

　1958年には、クルマに位置と速度の指令を与える、道路に埋め込まれた金属検知電気回路を使う、実物のクルマでの無人走行実験がネブラスカ州の高速道路の一区間で行われ成功した。テストコースで試乗したニューヨークタイムズのレポーターが「実用化は15年先」と報じている。

時速130キロの無人走行

　1960年代には、英国の研究所がシトロエン車を改造して、道路に埋め込まれた磁気ケーブルと交信する自動運転車を開発した。クルマは、テストコースをいかなる天候にも左右されず、人間のドライバーよりもはるかに手際よく進路と速度を維

持して、時速130キロで走行した。

20世紀中に投資回収

さらに、ロンドン郊外の高速道路に4マイルにわたりケーブルが埋め込まれ、クルーズコントロール機能も含めて開発が続けられた。効果／コスト分析も行われ、高速道路に採用すれば、少なくとも50％交通容量が増加し、およそ40％の事故を防ぐことができるので、20世紀の終わりには投資を回収できる、と予測された。しかし、70年代の財政危機が開発に終止符を打った。

12-4　自動運転の歴史的背景（2）

コンピュータービジョン

1980年代になって、ドイツのミュンヘンの大学教授とダイムラー社とで、環境情報を取得するコンピュータービジョンの自律自動運転車両を開発し、交通を遮断した道路で時速63キロを達成した。1985年に、欧州国家間協力プロジェクトとして、道路交通の行き詰まりを打開するための革新技術を研究開発する企業・研究所を支援する「ユウレカ」が立案された。

プロメティウス　プロジェクト

ユウレカは、研究主体が選んだ開発テーマに資金援助をする方針をとり、自律運転の先駆者である教授とダイムラー社を主体に、自動運転研究開発計画「プロメティウス　プロジェクト」を立ち上げた。狙いは、道路交通の経済効率の最大化、環境への悪影響の低減、飛躍的な安全性の実現で、75億ユーロが投入された。

最高時速170キロ

1994年に、2台の改造車で、通常の混雑状態のパリの3レーンの自動車道路で、車列走行をしながら追い越しも行い、時速130キロを最高に、1000キロ以上の距離を走行する成果を挙げた。さらに、翌年にはコンピュータービジョンの自動運転車で、追い越しも行い、アウトバーンでは最高時速170キロを記録し、ミュンヘンとコペンハーゲン間往復1590キロを走破した。

自動運転陸上車両開発計画

一方、1980年代、合衆国では国防総省・国防高等研究計画局（DARPA）が、自動運転陸上車両開発計画として資金援助を行い、レーザーレーダーとコンピュータービジョンで、時速30キロの走行を実現させた。

さらに、1987年には、地図とセンサーによる世界最初のオフロード自動走行を行い、時速3.1キロで610m走行した。

車両道路自動化計画

1991年、米国議会は、1997年までに公開走行実験を行って、車両と道路のオートメーション化を提案させる法案を可決し、運輸省に実行を指示した。この車両道路自動化計画には多くの企業が加わり、1997年にサンディエゴで、乗用車、バス、トラックも含めた20台の車両が参加し、専用レーンでの運用を意図した車間を詰めた車列追従自動運転走行のデモンストレーションを披露した。しかし、その後、運輸省予算の引き締めで、この計画は中止された。

12-5　自動運転の歴史的背景（3）

ニューラル・ネットワーク

1995年、米カーネギー・メロン大学は、"No Hand America" プロジェクトで大陸横断5000キロの走行を行った。但し、これは、スロットルとブレーキを人間が操作し、ハンドル操作をニューラル・ネットワーク（人工知能）で制御する自動運転だったが、行程の98.2%を自動運転で行った。

白黒ビデオカメラ

1998年には、イタリアのパルマ大学が、白黒ビデオカメラ映像の立体視で、車線区画線を頼りに、イタリア北部の自動車道路を平均時速90キロで6日間1900キロのうち、行程の94%を自動運転で走行した。自動運転距離の最長は55キロに及んだと報告されている。

DARPA Grand Challenge

21世紀に入ると、1980年代に世界初のオフロード走行を支援した国防総省・国

防高等研究計画局（DARPA）が、自動運転基礎技術の軍用車両での実用化促進のため、巨額の賞金を用意して自動運転競技会を開催した。第一回、第二回はオフロードで"DARPA Grand Challenge"、模擬市街地での第三回は"DARPA Urban Challenge"と名付けられた。

走行わずか11.87キロ

2004年の第一回に対し、米議会は、2015年までに軍の地上車両の1/3を自動運転化することを目標として、100万ドルを支出した。競技はカリフォルニアのモハベ砂漠の240キロのコースで行われた。15台が参加したが、カーネギー・メロン大学が、スイッチバックしたあと岩に乗り上げて走行不能になるまで、最長の11.78キロを走行しただけで完走はなく、賞金は持ち越された。

スタンフォード大学が200万ドルの賞金獲得

翌2005年の第二回は、狭いトンネルや断崖絶壁と100以上の鋭いカーブのあるより狭いコースにもかかわらず、出走23台中1台を除いて前年の最長距離を超え、5台が210キロの完走を果たした。

スタンフォード大学が6時間54分で1位となり200万ドルの賞金を獲得した。1年で、4位までが7時間台という著しい進歩を示した。

図2　第三回の DARPA Urban Challenge の模擬市街地コース
出典：http://www.darpa.mil/grandchallenge

模擬市街環境

　2007年の第三回は、市街戦での自動運転化の技術開発を目的に、普段は市街地作戦の軍事訓練が行われているカリフォルニアの元空軍基地にコースが設定された（図2）。競技は、参加チームの多数の車両が走行する模擬市街道路約96キロを、カリフォルニア州の交通規則を守って6時間以内に走行することが要求され、応募98チームから予選を通過した11チームが出走した。

12-6　DARPA Urban Challenge

陸上自動運転車両開発の挑戦

　これは、市街戦での補給使命を効率的に完全に安全裏に遂行する陸上自動運転車両開発のチャレンジで、計画の責任者は「前回で陸上車両の遠隔地までの自動運転技術は実証された。今や、ロボット技術は、クルマの市街地環境での自動運転に取り組む準備はできていると信じる。」と述べている。

100万ドルの開発費支援

　このUrban Challengeでは、DARPAは、国家が自動運転技術の実施権を得る条件で審査し、1チーム100万ドルを上限に開発資金を支援した。選考、予選、本選と、支援を受けるチーム群と受けないチーム群に分けて複雑な過程を設けて出場チームを選別した。その結果、出場チームは11に絞られ、有名大学と大企業との合同チームが多数を占めた。

ソフトウエアのチャレンジ

　それまでの競技では、追越し以外では他のクルマとの遭遇はなかった。しかし、この第三回では、クルマと出会う機会が多く、その際は交通規則に従って対応できる設計が要求される。例えば、信号のない十字路で他のクルマと遭遇した場合、限られた時間内で状況把握と優先権の判断が行えるソフトウエアの開発が不可欠になった。

実況中継

　2007年11月3日の競技会はDARPAのサイトで実況中継され、成績は、過度の

遅滞、交通規則違反、危険行為などのペナルティーが加算される所要時間で争われた。安全のため必要となれば、クルマは介入操作が行われて停止させられるが、その事態に責任がない場合は、停止時間は算入されない。

カーネギー・メロン大学が一等賞金200万ドルを獲得

　クルマ同士の衝突や、柱との衝突、ビルへの突入などで退場を余儀なくされるクルマが現れたが、カーネギー・メロン大タータンレーシングが4時間10分、平均時速22.5キロで優勝し、賞金200万ドルを獲得した。4時間台で完走した2位のスタンフォード大と3位のバージニア工科大が50万ドルと25万ドルの賞金を得て、完走は6台にとどまった。

ロボットが衝突と渋滞

　ニューヨークタイムズは「この競技会ではロボットが衝突と交通渋滞を演じ、コンピューター車両は全ての点では人間を超えられないことを明らかにしたが、ロボット技術は、現時点でも、最も完成度の高い自動運転車なら、他の交通に囲まれ障害物もある市内道路を、快適に安全に走行できるレベルに達していることを明らかにした」と報じていた。

12-7　初の自動運転の実用化

世界初の自動運転商用車両

　2008年、日本の建設機械メーカーのコマツが開発した超大型自動運転ダンプカーが、オーストラリアの鉱山で試験的に使用された（図3）。これは、高精度のGPSと障害物検出センサーと通信システムにより、鉱石の積み下ろしと移送にかかわる全ての作業を無人で行うもので、2011年には採用が拡大された。世界初の自動運転商用車両の実用化である。

15900キロの自動運転

　2010年、イタリアのパルマ大学チームが、100日でロシアからカザフスタンを経て中国上海の万博会場までの15900キロの自動運転を達成した。ソーラーパネルの電力を制御系に供給する2台の電動のバンで、地図情報がないので、先行車が必要

図3　走行中のコマツ自動運転鉱石運搬車
出典：大川聰『写真で読み解く　世界の建設機械史』三樹書房

なら介入を許す自動運転で道路データを収集し、後続車がそのGPSデータを基に100％の自動運転を行った、と伝えられている。

パイクス・ピーク挑戦

　同じ2010年には、独アウディ社が、ヒルクライム競技で世界的に有名な米国コロラド州のパイクス・ピーク登坂に自動運転車で挑戦した。コースは、標高2800mを超えるスタート地点から標高4300mに近いゴールまで約20キロで156のコーナーがあり、当時は、大部分が砂利道で、平均勾配は7％、逸脱すると600m滑落の危険もある厳しいものである。

人との差は10分

　アウディ社は、シリコンバレーの主力研究所をパートナーとして、市販のTTSをベースに、信頼性の高いロバストエレクトロニクスと精度2cmの差動型GPSによる自動運転車を開発し、以前そこで優勝した同社の女性ドライバーの名前から"シェリー"と命名した。最強力エンジンのクルマでトップドライバーなら10分、TTS車クラスで平均ドライバーなら17分のところ、シェリーのベストタイムは27分という結果だった。

史上初のツーリングを再現

2013年秋、ダイムラー社の研究所とカールスルーエ工科大学が、Sクラス車に市販品に近いステレオカメラとレーダーを装備して、マンハイムから完全自動運転で約100キロの一般道を経由してプフォルツハイムに到達した。この行程は、1886年のカール・ベンツのガソリン自動車第一号の完成に協力した妻のベルタが、1888年に、夫に内緒で息子二人と3号車を駆って、実家まで苦難に満ちた自動車史上初めての長距離ドライブを敢行した歴史的な記念ルートである。

12-8　普及へのハードル（1）
　　　　信頼性

普及は近いか

2014年グーグルがハンドルやアクセルペダルのない、完全な自動運転車を公開した。これは、人々に自動運転車の普及が近いという印象を与えたが、はたしてそうだろうか。普及には、いくつもの飛び越えなければならないハードルがある。

普及への課題

自動運転を巡っては、さまざまな懸念や意見が多くの人から表明されている。それらは相互に絡み合っているが、大きくは、①広義の信頼性、②法律的取り扱い、③心理的抵抗感・プライバシー、④普及のためのコストダウン、⑤雇用の喪失、などである。

以下、これらの問題についての見解を、広義の信頼性から順に紹介していこう。

許容できる信頼度

パソコンがフリーズした経験がある人は少なくない。人々は、もし、自動運転車のコンピューターがフリーズしたら、と心配する。自動運転車のシステムの信頼度をどこまで高めたらよいか、その値を確定し実現することは大きな課題である。さらに、コンピューターのネットワークはハッカーの活躍の場になりうる。

無線でハッキング

米国の大学の研究者が、2009年型の中型車で、携帯電話やBluetoothなどの無線でハッキングできることを証明した。ただし、現在では、犯罪者はクルマの操縦に

は関心がなく、無線でドアを開け、故障診断ポートからクルマをスタートさせるか、あるいは、車内の物品を盗むだけだろうが……。

ネットワーク接続

　自動運転車は、性能と信頼性を高めるために外部のネットワークへの接続が重要になる。これは、ハッキングの防御が脆弱になることを意味する。ハッカーは、ネットワークに接続しているクルマの機能を遠隔操作することが容易になり、自動運転車を思いのままに走らせる可能性がある。

異常への対応

　航空機のオートパイロットに頼る飛行では、異常事態で、2/3のパイロットがマニュアル操縦への切り替えで適切に対応できず、操作で間違いを犯している。それが原因と考えられる事故がエアバス330やボーイング777で発生した。自動運転車でも同様なことが起こる可能性が高い。

12-9　普及へのハードル（2）
　　　法律的課題（1）

連邦車両安全基準

　米国では、連邦政府の運輸省道路交通安全局（NHTSA）が制定した安全基準（FMVSS）に合格しない自動車は販売することができない。しかし、安全に多大な影響を与える自動運転システムに関する安全基準はまだ存在しなかった。そこで、「法律で禁じられていないものは、許される」という社会通念からか、2013年末までに、合衆国では4州（と首都ワシントン）が自動運転車に関する州の規則を制定し、自動運転車を公道で走らせることを許可した。

ネバダ州が最初

　2012年3月、最初に、ネバダ州で、グーグルの後押しもあって、自動運転車を限定した公道で走らせることができる法案が可決された。この規則では運転席と助手席にオペレーターの着座を要求している。グーグルが、禁止される脇見条項から、オペレーターが報告を送ることを除外することを訴えたが、認められなかった。

まちまちの対応

　同年7月、フロリダ州が自動運転車を公道でテストや走行することを、安全な運行計画を条件に認可した。同9月、カリフォルニア州知事が、運転席にドライバーの乗車を要求する自動運転車の合法化法案に署名した。さらに、12月には、ミシガン州でも公道でのテスト走行を許可する規則が発効したが、走行中は常にドライバーの着座を要求している。

連邦政府の対応

　この動きに対して、NHTSAが2013年5月に自動運転車開発に関する政策方針を発表した。NHTSAは、究極的には多くのメリットを生み出す自動運転の開発を支援するが、安全性の大幅な向上が確認されるまでは、自動運転車の走行は実験目的に限定すべきである、と州の扱いに対して提言し、NHTSAの自動運転車対応の研究計画を、自動運転の定義づけ（本章12-1参照）とともに示した。

研究計画

　計画には、自動／手動モードの切り替えを安全に行い、その際の情報が運転者に効率的に伝達されるためのクルマと人とのインターフェースとその評価法、電子装置の診断・故障予知・故障対応メカニズムとそれらの信頼性要件、限定自動運転車（レベル3）のドライバーのトレーニング要件、サイバーセキュリティー、などの研究が含まれている。

12-10　普及へのハードル（2）
　　　　　法律的課題（2）

専用免許証の発行

　自動運転走行実験に対するNHTSAの基本原則提言の第一は、自動から手動運転への移行に関するものであり、自動運転装置に精通するオペレーターの乗車とその免許証の発行を提言している。自動運転から手動への切替えをオペレーターに警告し、手の届くところのボタンを押すなどの簡単な方法で対応できることを求めている。

不具合情報の伝達

基本原則の第二として、手動への切替えの警告には、オペレーターの対応を的確にするために自動装置の不具合の内容の情報を含むことが望ましく、手動での操縦はブレーキ、アクセルペダル、ハンドルを使うことを提案している。さらに、自動運転実験車には、故障や劣化や不具合の発生を記録する機能を求めている。

FMVSS適合

基本原則の第三は、自動運転技術の組み込みによって、車両が連邦政府の安全基準〈FMVSS〉（表1）に不適合にならず、安全装備の性能や自動車全体の安全性が低下してはならないことを求めている。さらに、州内での自動運転実験を行う団体に、政府の要求する安全機能を不作動にしていないことを証明することの義務化を検討することを求めている。

全データの提供

基本原則の第四では、衝突事故や車両がコントロールを大幅に失う事象があった場合には、センサーのデータが記録されていることを求めている。さらに、自動運転車の運行を認める規則には、車両所有者に対し、事故の際に車両のイベント・データ・レコーダーに記録された全データを州政府に提供することの義務化を検討すべきである、と述べている。

実験目的に限る

NHTSAは、自動運転車が広く利用されるようになる前に取り組まなければならない技術的課題と人間のパフォーマンスの問題が多数あるので、現時点では、実験目的以外での運行を認可しないように、と勧告している。それでも州政府が認可するのであれば、最小限、適切な免許を所有したオペレーターが運転席に座り、故障時には必ずコントロールできることを義務付けるべきであり、これらの政策方針は技術の成熟に伴い再検討する、と結んでいる。

Federal Motor Vehicle Safety Standards

101	コントロール類と表示装置
102	トランスミッションシフト位置順序、スターターインターロック、およびトランスミッション制動効果
103	ウインドシールド・デフロストおよびデフォグシステム
104	ウインドシールド払拭および洗浄システム
105	油圧および電気ブレーキシステム
106	ブレーキ・ホース
108	ランプ類、反射器、および関連装置
109	新空気タイヤおよび特定の特殊タイヤ
110	タイヤの選定とリムおよびモーターホーム／RVトレーラーの耐負荷能力
111	後写鏡
113	フードラッチシステム
114	盗難および動き出し防止
116	自動車用ブレーキ液
118	パワー・ウインドウ・システム
124	アクセルコントロールシステム
125	警報装置
126	横滑り防止装置(ESC)
129	乗用車用新非空気タイヤ
135	小型車両のブレーキシステム
138	タイヤ圧モニタリングシステム
139	小型車両用新空気ラジアルタイヤ

201	車室内衝撃に対する乗員保護
202	頭部抑止装置
203	ステアリングコントロールシステムからの運転者の衝撃保護
204	ステアリングコントロールの後方移動
205	ガラス材
206	ドアロックおよびドア保持部品
207	座席装置
208	衝突時の乗員保護
209	シートベルトアッセンブリ
210	シートベルトアッセンブリ・アンカレッジ
212	ウインドシールドマウンティング
213	幼児拘束装置
214	側面衝突保護
216	ルーフの耐衝撃性
224	後面衝突保護
225	幼児拘束装置アンカレッジ・システム

301	燃料系統の完全性
302	内装材料の燃焼性

表1　米国連邦車両安全基準（FMVSS）の主要項目概要
100番台が予防安全、200番台が衝突安全、300番台が火災予防項目となっている。

12-11　普及へのハードル（2）
　　　 法律的課題（3）

レベル4ではすべてクルマ

　自動運転車がかかわる事故の責任は誰が負うのか、という問題は複雑である。自動運転が維持できない状況になっても人の介入を前提としないレベル4・5の完全な自動運転車の場合は、責任はクルマ（のメーカー）にあることには議論の余地はない。しかし、自動運転が維持できない状況で人の介入を前提とするレベル3の自動運転車の場合は、責任の所在は簡単には決められない。

レベル3では複雑

　レベル3でも、交通状況の変化のモニタリングはクルマに大きく依存しているので、クルマの責任割合は大きいが、運転に介入する人の能力によって、それは変化する。健常者では状況によって責任の分担が発生するという見解があり、自動運転の解除をどの程度の時間的余裕をもって警告できるかが、人の責任を決める要因になるとの主張がある。

時間的余裕

　その主張では、十分な時間的な余裕がありながら、人が事故を防げなかった場合は、人の責任は重くなる。しかし、時間的な余裕は、交通状況の変化やクルマの故障の程度によって、大きく変化すると考えられ、それを定量的に決めることには極めて大きな困難が予想される。さらに、人の責任分担を不満とする人が裁判に持ち込むことも考えられる。

製造物責任法

　上記の場合と事故に巻き込まれた相手ドライバーが、自動運転の衝突回避のアルゴリズムが不完全であると訴える場合も、現行では製造物責任法での扱いとなり、不完全さの証明は原告に求められる。しかし、この証明は、非常に困難で、ごく限られた専門家しかできないため、費用が膨大となり、事実上不可能なので、新しい法体系での扱いが必要になる、との見解がある。

利用者は免責に

　メーカーの責任分担を大きくすれば、アルゴリズムの改善が迅速に行われるの

で、自動運転技術の熟成を促進する、との意見もある。これには、メーカーの反発が大きいことが予想されるが、利用者の責任分担が大きいと、結局、自動運転車は普及しないので、普及のためには、利用者を免責にするのがメーカーにとってもよい筈である、との極論もある。

12-12　普及へのハードル（3）　大衆の評価

大衆の厳しい評価

　これまで紹介してきたように、自動運転車は長い年月をかけて開発され、現在では公道試験が行われ、早期に市販することを表明しているメーカーも少なくない。しかし、2014年に公表されたハリス社の米国で行われた世論調査の結果では、人々の自動運転に対する評価はかなり厳しいもので、成人2039人中88％が自動運転車に乗ることに懸念を抱いており、人々はまだハイテク技術を信頼していない。

故障・事故責任・プライバシー

　79％がクルマの装置の故障を心配し、59％が自動運転車で事故にあったら誰の責任になるかという製造物責任問題が気がかりだ、と述べている。さらに、52％が、ハッカーが自動運転車のコンピューターを乗っ取り、クルマを勝手に動かすことの心配を表明し、37％が自動車会社、保険会社や地方自治体が車速や目的地などの個人情報を集めることを不安に思っている。

クルマが人を支配

　以上は大衆の評価であるが、一部の評論家は、クルマが人の行動を支配するようになる可能性を懸念している。自動運転では、目的地までの経路がクルマ任せになるため、例えば、利用者の居眠りが検知されると、クルマはコーヒーショップを探して迂回し、そこで休憩を取ったらどうか、と勧めることも可能になる。

小さな"ハイジャック"

　さらに、広告主が料金を払えば、サイトでドーナツ好きが知られている利用者のクルマを、ルートを迂回してその店に連れて行くというシステムが出現する可能性もある。利用者が、ダイエット中にレストランへ、妊娠を公表していないのに妊婦

表2　アシモフのロボット三原則
出典：アイザック・アシモフ『われはロボット』早川書房

用品店へ連れて行かれれば迷惑で、これは小さな"ハイジャック"である。

ロボット三原則

　一方、利用者が危険地帯、あるいは侵入禁止地域に行くことを指示したら、クルマはどう対応するべきか。クルマはそれらの情報をすべて入手している筈である。自動車メーカーには利用者の命令を拒否するようなアルゴリズムを設定する権限はあるのか。ある評論家は、アシモフのロボット三原則（表2）を引用して、この場合は命令を拒否するのが正しい、と主張している。

12-13　普及へのハードル（4）
コストアップ

コストアップの受け入れ

　これまで紹介してきたように、自動運転車が普及すれば、交通事故の減少と渋滞緩和で、大きなメリットが期待できる。しかし、自動運転技術のクルマへの組み込

みによって、クルマの値段はかなり上昇することが予想される。人々は、はたして、そのコストアップを受け入れて、自動運転車を購入するのだろうか、という疑問がある。

フェラーリより高価

　グーグル車の自動運転システムのコストは、当時LIDARシステムが7万5000～8万ドル、カメラとレーダーシステムはおよそ1万ドル、コンピューターやソフトを除外してもGPSシステムはおよそ20万ドルと推定されている。これはフェラーリより高価である。2013年の調査では、アメリカ人が新車に払う金額は平均で3万ドルだが、平均購買力は2万806ドル、と報告されている。コストダウンは自動運転技術の主要な課題である。

鶏と卵の関係

　上記は、あくまでも当時でのコストであり、これは、2025年には7000～1万ドル、2030年には5000ドル近くまで下がり、ほとんどのクルマが完全自動運転になれば、2035年には3000ドルに低下する、との予測がある。しかし、この3000ドルは、世界の自動車販売数の約9％の1200万台の自動運転車の普及を前提とした予想なので、多くの人が安くなる前に買うという仮定に基づいている。コストは、鶏と卵の関係にある。

理想主義と大量販売

　視力障害者がタコスを食べながら近隣を移動できるようにする、というグーグル社の理想主義的な進め方では大量販売の領域の価格にはならない、というのが自動車産業の一致した意見であった。自動車メーカーは、グーグルの非常に高額なLIDARシステムを光学方式にし、装置の小型化、センサーフュージョン、制御システムの統合化による単純化の方法を採ろうとしている。

年間収入25550ドル

　ちなみに、2010年の米国の所帯の年間収入は2万5550ドルに対して、アダプティブクルーズコントロール、ブラインドモニター、レーンキーピング、アダプティブステアリング付のインフィニティーQ50の価格は、ベースの3万7000ドルに6600ドル追加になる。ベンツのアシストパッケージは3000ドルほどだが、ベース価格は9万2000ドルである。

12-14　普及へのハードル（5）
　　　　　失業問題

自動運転の功罪

　これまで紹介してきたように、自動運転車が普及すれば、移動と土地利用の効率が向上し、交通事故が減り、運転できない人の移動が容易になる、など大きなメリットが期待できる。しかし、一方では、それに関連して多くの雇用が失われるという懸念がある。自動運転は、生命か職業かの選択を迫る問題である、との極端な見解も見られる。

失業の波及

　多数のトラック・タクシー運転手や貨物配送人が生活のためにクルマを運転している。自動運転車が普及すれば、これらの多くは、企業の経費節減のために職を失うであろう。さらに、交通事故に関係する救急施設、病院、リハビリセンター、自動車部品産業、レッカーサービス事業、板金修理業や保険会社の仕事が大幅に減少するだろう。

赤旗法

　しかし、革新技術による失業の問題は、歴史上これが初めてではない。移動手段だけを見ても自動車の出現があった。古くは、英国で蒸気自動車が開発された当時、最高速度を極めて低く抑え、事故防止を口実に旗を振る先導者を走らせることを義務付けた、悪法として名高い「赤旗法」を制定させて、その普及を妨げたのは、仕事を奪われることを恐れた馬車業者だった。

技術革新への抵抗

　赤旗法は19世紀末まで存続し、鉄道の発展を先導した英国で、自動車産業の発達がヨーロッパ大陸に大きく遅れをとる原因となった。技術の新領域への進出に躊躇すると、競争に敗退する可能性もある。デジタル技術に長期にわたって抵抗し、フィルムと化学の伝統にこだわった米国の大フィルムメーカーは、結局、ほとんどすべてを失っている。

先進的思考

　歴史的に見ると、技術革新は、当初はさまざまな障害があっても、普及して人々

の生活を豊かにしてきた。自動運転への対応には、関係者は重い判断を迫られている。先進的な思考をするフロリダ、ネバダ、カリフォルニアの米州では、地域のビジネスチャンス拡大を助ける法制度で地域経済に有利な状況をつくろうとしている。自動運転の社会になれば、新たな雇用が創出される可能性もある。

12-15　MaaSとCASE

社会的課題の解決

　都市の過密化により駐車場不足、渋滞の悪化、大気汚染がもたらされており、それを一人乗りで走るクルマを削減することで解決しようとする意識がたかまり、また、貧困者の増加と高齢化によって自ら自動車を運転して移動することが困難な人が増加しており、それを自動車に過度に依存しない社会を実現して解決しようとする努力も始まった。

MaaS

　移動手段を個人のニーズにあわせ、より簡単・便利に利用できるサービスが求められ、多様化している移動手段を組み合わせて情報提供するサービスが MaaS（Mobility as a Service）である。MaaSの基本的な考え方は、公共交通機関とその利用の始点・終点までの移動（ラスト／ファースト1マイル）を組み合わせた一つの情報をサービスとして一か所で提供する。これが社会問題の解決に大きな力を発揮すると期待されている。

CASE

　このような状況を先読みして、2016年メルセデス・ベンツが、中長期戦略の中で「CASE」という言葉を提唱した。
CASEとは
・Connected (Car)：つながるクルマ
・Autonomous：自動運転
・Shared & Service：シェアリングとサービス
・Electric：電動化
の頭文字をつなげた単語で、これからの自動車の姿を象徴している。

世界初のレベル３

　このような背景が研究開発を刺激し、2018年には、我が国で自動運転の実現にあたってのレベル３、４の自動運転車が満たすべき安全技術ガイドラインが作成され、国連自動車基準調和世界フォーラムにおいて、我が国の自動運転車の安全に関する考え方や安全要件を内外の基準に反映させた。

我が国の動向

　2019年に道路運送車両法が改正され、2020年にはレベル３、４の自動運転車の基準が策定され、併せて道路交通法も改定された。2020年11月に世界初のレベル３自動運転車の型式指定が実施され、2021年3月発売が開始され（図4）、経済産業省・国土交通省委託の研究開発プロジェクトが発足した。

図4　レベル3のホンダ レジェンド
高速道路渋滞時など一定の条件下で、システムがドライバーに代わって運転操作を行うことが可能。
出典：ホンダ

最 後 に

　本書では、CASE の一つの E（Electric）の、原動機を内燃機関から電動モーターに替えようとする電動化の世界的な潮流については詳しく触れなかったので、最後に、それを簡潔に説明したい。

　近年の電動化は、2015 年 9 月にドイツのメーカーがディーゼル車の排気ガス浄化装置に、検査時は作動させ、一般走行時は作動させないという不正プログラムを組んでいたことが発覚したのが、事の始まりである。

　その結果、それまで大気汚染に好ましいと思われていたディーゼルエンジンに人々の不信感が高まり、折からの地球温暖化と大気汚染の深刻化もあって、欧州委員会が 2030 年に極めて厳しい排出ガス中の二酸化炭素量の規制を行うことを予告した。ところが、その値が現行の半分以下にすることを要求するものであったため、メーカーは従来の内燃機関ではこの値の達成は極めて困難であり、電動化するしか方法がないと判断して、動き出したことが電動化への流れの一つである。

　また、自動車が急速に普及し始めたアジアの主要国の大都市での大気汚染が極めて深刻になり、その対策として、政府が電動車の普及に補助金を出して支援したことと、電動車は自動車生産の経験が浅い現地のメーカーでも開発し易いということもあり、さらに、海外のメーカーの進出もあって、電動車の爆発的な普及が始まり、これが、現在の世界的な電動化の大きな潮流となっている。

　クルマが排出する二酸化炭素量の低減は、完全な電動化でなくとも、ハイブリッド車やプラグイン・ハイブリッド車でも、今後の研究開発で十分可能性はある筈である。しかし、ドイツやヨーロッパのメーカーは、これまでそれらの開発を十分にやっておらず、かなり以前から研究・開発・生産を行ってきた日本に比べて、経験不足で技術的なハンディキャップが大きいことも、彼らが一気に電動化に進むことを選んだ一つの理由であろうとの見解もある。

　ところが、意外なことに欧州のメーカーからの要求で、2023 年欧州委員会は再生可能エネルギー由来の水素と二酸化炭素からつくられる e-Fuel を使う内燃エンジンに限り、新たな二酸化炭素の生成がないことから継続して販売可能、とすることを発表した。

　しかし、e-Fuel の生産コストは極めて高いため、今後の研究開発と設備投資でどこまでコストを下げて、供給量を増やせるかが極めて重要な課題である。

　もし、内燃エンジン車の継続的な販売が可能になれば、これまで低公害車の開発と生産で先行してきた我が国の自動車産業が力を発揮できるので、これは好ましい情勢変化である。

　電動化の潮流の現状を要約すると以上の通りであり、読者と共に今後の情勢の行方を見守りたい。

参考文献

Reginald Carpenter "Powered Vehicles" Jupiter Books (London) LTD.

R. M. Clarke compiled "The Land Speed Record" Brooklands Books LTD.

馬場孝司『タイヤ　自動車用タイヤの知識と特性』山海堂

エリック・エッカーマン著　松本廉平訳『自動車の世界史』グランプリ出版

樋口健治『自動車技術史の事典』朝倉書店

折口透『自動車はじめて物語』立風書房

安部正人『自動車の運動と制御　車両運動力学の理論形成と応用』東京電機大学出版局

"DATA　DREAM　Products & Technologies 1948-1998" 本田技術研究所

Wolfgang Matschinsky "Road Vehicle Suspensions" Professional Engineering Publishing Limited

2005 版『自動車技術ハンドブック　5 設計（シャシ）編』自動車技術会

"Technik Museum Speyer ガイドブック"

佐野彰一「4WS の発想と開発」『油圧技術』第 26 巻 9 号　日本工業出版

Honda Prelude カタログ 本田技研工業株式会社

"Quadrasteer debut in2002" aei Feb.

小口泰平監修『自動車工学全書 11　ステアリング・サスペンション』山海堂

中村良夫、神田重美、CAR GRAPHIC『CAR GRAPHIC "Honda F1　1964-1968』二玄社

「電動アクティブスタビライザー」『トヨタ自動車 75 年史』トヨタ自動車株式会社

"A Decade of Continuous Challenges" Honda Motor Co., Ltd.

"Mercedes-Benz Museum" Guidebook

Cyril Posthumus "Land Speed Record" Crown Publishers, Inc., New York

上田浩章　藤井一雅「「クルマを回す技術 —最古のステアリングを復元—」 KOYO Engineering Journal No.148 (1995)、光洋精工㈱

自動車技術会編『自動車技術ハンドブック　②設計編』自動車技術会

自動車技術会編『自動車工学基礎講座　車体設計』自動車技術会

『Dream 2　創造・先進のたゆまぬ挑戦』本田技術研究所

西川正雄他「アコードの車速応動型パワステアリング」『自動車技術』Vol.32、No.1

伊賀滋・太田和正喜「電気式パワーステアリング」『自動車工学』Vol.37、No.7

「ホンダの技術 50 年 DATA　Dream」（CD – ROM）株式会社本田技術研究所

清水康夫 他「ギヤ比が車速と操舵角の関数として変化するステアリングシステムの研究」『Honda R&D Technical Review』Vol.11、No.1　株式会社本田技術研究所

塚本亮司、唐木徹『ホンダ S2000』三樹書房

"Activlenkung von BMW" BMW News 05.08.2002

佐野彰一「操安性の評価」『自動車技術』Vol.34、No.3

平尾収「微分項を含んだ操舵系の研究」『生産技術』1967.11　東京大学生産技術研究所

S. Sano "The future of advanced control technology-application to automobiles and problems to be solved" AVEC '92 Yokohama

本山廉夫「ステアバイワイヤと車両運動制御」『自動車技術』Vol.57、No.2　自動車技術会

T. Kohata et al. "Electronic Control Four-Wheel Steering System" AVEC '92 Yokohama

プレリュード　整備資料「ステアー・バイ・ワイヤー4WS車のシステム」本田技研工業株式会社

「可変ギヤ比ステアリング」『トヨタ自動車75年史』トヨタ自動車株式会社

http://www.caranddriver.com/features/electric-feel-nissan-digitizes-steering-but-the-wheel-remains-feature "Electric Feel: Nissan Digitizes Steering, But the Wheel Remains"

https://mercedesheritage.com/mercedes-heritage/human-machine-interface-1998-sl-sans-pedals-steering-wheel　"HMI TECHNOLOGY: 1998 SL SANS PEDALS AND STEERING WHEEL."

阿賀、岡田「事故データをもとにしたVSCの有効分析」『自動車技術』Vol.57、No.12

HONDA Press Information 本田技研工業広報部「左右駆動力配分システムの原理」

https://commons.wikimedia.org/wiki/File:Lohner_Porsche.jpg "File:Lohner Porsche.jpg"

『Dream 1998-2010』Honda R&D Co.,Ltd.

國井力也　他「四輪駆動力自在制御システム (SH-AWD) の開発」『Honda R&D Technical Review』　Vol.16、No.2　株式会社本田技術研究所

自動車技術会編「停止距離の構成」『自動車技術ハンドブック　1 基礎・理論編』自動車技術会

Ian Catling, et al. "SOCRATES – What Now?"

柴田正雄「路車間情報システム (RACS) について」『IATSS Review』Vol.17、No.2

岡本博之「新自動車交通情報通信システム (AMTICS) について」『IATSS Review』Vol.17 No.2

http://www.honda.co.jp/internavi/about/　「インターナビとは」

http://www.honda.co.jp/news/2011/4111109.html 東日本大震災での通行実績情報マップ

http//www.mlit.go.jp/jidosha/anzen/01asv/resourse/data/asv1pamphlet.pdf:「ASV 先進安全自動車」

AHS 研究組合「 AHS の開発動向について」

Khali Persad et al. "Toll Collection Technology and Best Practices"

https://en.wikipedia.org/wiki/Electronic_toll_collection "Electronic toll collection"
https://en.wikipedia.org/wiki/London_congestion_charge "London congestion charge"
https://www.its-jp.org/katsudou/chukei/id210_1/「ITS 総合戦略 2015」
http://design-engine.com/fasten-your-seatbelts-googles-driverless-car-is-worth-trillions/
Unfasten Your Seatbelts: The Google Driverless Car Is Here!
古川修『自動運転の技術開発　その歴史と実用化への方向性』グランプリ出版
https://www.youtube.com/watch?v=7a6GrKqOxeU "DARPA Grand Challenge - 2005
Driverless Car Competition"（動画）
https://www.youtube.com/watch?v=P0NTV2mbJhA "Autonomous robot cars drive
DARPA Urban challenge"（動画）
http://www.theguardian.com/technology/2014/may/28/google-reveals-driverless-car-prototype "Google's driverless car: no steering wheel, two seats, 25mph"
中西孝樹『CASE 革命』日経 BP 日本経済新聞社十班本部
風間智英『EV シフト―決定版』東洋経済新報社

あ と が き

　筆者は、父親の大型バイクに乗りたくて、16歳で自動二輪の免許をとり、本田技研に就職した。ところが配属先は、会社が進出しようとしていた四輪車の開発グループで、そこで足回り、車体の設計を担当した後、安全研究部門に移った。

　安全には事故発生を防ぐ一時安全と、衝突時の被害を軽減する二次安全とがあるが、筆者は一次安全を担当し、衝突を避けるための自動車の運動性能向上の研究を行い、内外の文献を読み漁った。

　また、自動車技術会のメーカー委員の担当も命ぜられていたため、国際会議や自動車技術会の用務のための海外出張の機会が多く、自動車の技術と歴史に深い関心を持っていたこともあり、必ず現地の博物館あるいはメーカーの資料館などを見学し、ガイドブックなどを収集することを習慣にしていた。

　ある時、教育機関を対象とする月刊誌『交通安全教育』に自動車の話題の連載を依頼され、それが終了した後、エアバックの世界的なメーカーであったタカタ株式会社が設立したタカタ財団のサイトへの自動車に関するエッセイの寄稿を依頼された。本書は、それらの内容を選別して見直し、順序を改め、新情報を加味し、新たに編集したものである。

　本書は、専門書では一般の読者が理解しにくい自動車の運動力学に基づく走行原

理と、それにともなう自動車技術の進化の歴史をわかり易く解説している。本書により読者の自動車への理解が深まり、その扱い、特に安全運転の助けになることを期待したい。

　最後に、本書の刊行にあたり、大変お世話になったグランプリ出版会長の小林謙一氏、社長の山田国光氏、編集部の木南ゆかり氏、また、図・表・写真の転載許可を頂いた著作者・出版社・メーカー・学会の各位に、この場を借りてお礼を申し上げる。

佐野彰一

〈著者紹介〉

佐野　彰一（さの・しょういち）工学博士

1937年東京生まれ。1960年東京大学工学部航空学科卒業後、本田技研に入社。本田技術研究所・設計部門にてF1レース監督を務めた中村良夫氏のもとで1964年から1.5L F1 RA271、RA272のエンジンを強度部材として搭載した世界初のモノコックボデーを設計。RA272は1965年メキシコGPでホンダ製の純国産F1として唯一の優勝を記録している。1966年から3L F1 RA273のシャシー設計を担当し、1967年には英国ローラ社に駐在してRA300の足回りの設計を担当。イタリア・グランプリで劇的な優勝を経験する。帰国後は車体プロジェクトリーダーとしてドライバーを前に置いた革新的な空冷F1 RA302を設計した。

レース活動中断後は、空冷乗用車ホンダ1300クーペのプロジェクトリーダーを務める。1972年から研究部門に移り、実験安全車（ESV）のプロジェクトリーダーとしてホンダESVをまとめる。その後、エアバッグ、歩行者安全技術、四輪操舵（4WS）などの先進技術の研究・開発に従事し、1987年世界初の四輪操舵乗用車"ホンダ プレリュード 4WS"で実用化、栃木研究所エグゼクティブ・チーフ・エンジニアとして先進安全自動車（ASV）プロジェクトのリーダーを務める。1999年退職。2000年から東京電機大学教授、2005年から2011年まで同客員教授。自動車技術会名誉会員、日本自動車殿堂会員、JAF Motor Sports中央審査委員会委員。

自動車技術会理事として国際会議パネリスト・議長などを務め、国際交流に貢献。ESVの研究で1985年米国運輸省から「優秀安全技術賞」、4WSの研究開発で1987年に米国自動車技術会（SAE）から「アーチ・T・コルウェル賞」、1988年に日本自動車技術会から「技術開発賞」を受賞。さらに1991年に平成3年度全国発明表彰で「内閣総理大臣賞」、1999年には日本自動車技術会の「技術功労賞」を受賞。

自動車の走行原理
運動力学に基づく安全技術の歴史と進化

著　者	佐野彰一
発行者	山田国光
発行所	**株式会社グランプリ出版** 〒101-0051　東京都千代田区神田神保町1-32 電話 03-3295-0005(代)　FAX 03-3291-4418 振替 00160-2-14691
印刷・製本	モリモト印刷株式会社
組　版	小野寺制作室